现代农业机械化技术

# 生态农业机械化技术及装备

◎ 杨立国　熊波　主编

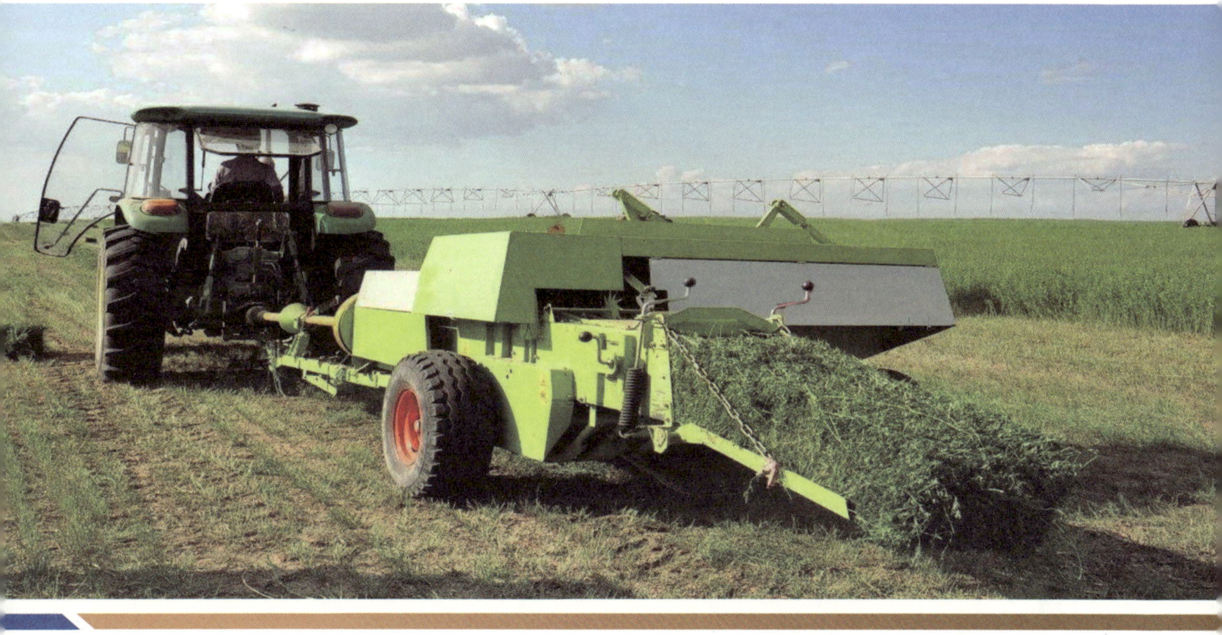

SHENGTAI NONGYE JIXIEHUA
JISHU JI ZHUANGBEI

中国农业科学技术出版社

图书在版编目（CIP）数据

现代农业机械化技术.生态农业机械化技术及装备/杨立国，熊波主编.—北京：中国农业科学技术出版社，2020.1
ISBN 978-7-5116-4157-1

Ⅰ.①现… Ⅱ.①杨… ②熊… Ⅲ.①农业机械化 Ⅳ.①S23

中国版本图书馆 CIP 数据核字（2019）第 078323 号

责任编辑　穆玉红　褚　怡
责任校对　马广洋

| | |
|---|---|
| 出 版 者 | 中国农业科学技术出版社 |
| | 北京市中关村南大街 12 号　邮编：100081 |
| 电　　话 | （010）82109707　82106626（编辑室）（010）82109702（发行部） |
| | （010）82109709（读者服务部） |
| 传　　真 | （010）82106626 |
| 网　　址 | http://www.castp.cn |
| 发　　行 | 各地新华书店 |
| 印　刷　者 | 北京富泰印刷有限责任公司 |
| 开　　本 | 710 mm×1 000 mm　1/16 |
| 印　　张 | 14.25 |
| 字　　数 | 260 千字 |
| 版　　次 | 2020 年 1 月第 1 版　2020 年 1 月第 1 次印刷 |
| 定　　价 | 64.00 元 |

━━◆版权所有・侵权必究◆━━

# 《生态农业机械化技术及装备》

## 编委会

主　　任　　杨立国

副 主 任　　秦　贵　宫少俊　张京开　李小龙　赵景文
　　　　　　张　岚　熊　波

委　　员
　　　　　　张　莉　李治国　禹振军　张艳红　徐岚俊
　　　　　　崔　皓　刘　旺　王立成　张武斌　宋爱敏
　　　　　　麻志宏　陈建民　郭连兴　秦国成　李珍林
　　　　　　方宽伟　王尚君　赵丽霞　马继武　赵铁伦

## 编写人员

主　　编　　杨立国　熊　波

参编人员　（以姓氏笔画为序）
　　　　　　刘京蕊　刘雁革　孙梦遥　李传友　李　震
　　　　　　张　莉　陈玉梅　赵　谦　胡　浩　禹振军
　　　　　　高　娇　常　青　蒋　彬　滕　飞

# 前　言

　　农业机械化是实施乡村振兴战略的重要支撑，没有农业机械化就没有农业农村现代化。习近平总书记指出，要大力推进农业机械化、智能化，给农业现代化插上科技的翅膀。

　　改革开放40年来，我国的农业机械化伴随着社会的发展取得了长足进步，为保障粮食安全、促进农业产业结构调整、加快农业劳动力转移、发展农业规模经营、发展农村经济、增加农民收入等方面提供了有力的支撑。

　　为进一步提高我国的农业农村机械化水平，更好的服务乡村振兴战略和美丽乡村建设，提升现代农业发展的高精尖水平。在北京市农业农村局的指导下，北京市农业机械试验鉴定推广站组织编写了《现代农业机械化技术》系列丛书。本丛书涵盖了农业产业和农村发展亟需的粮经、蔬菜、养殖、生态、农机鉴定和社会化服务组织管理六大方面农机化专业知识，在编写中注重"融合、支撑、创新、服务"理念和"生产、生态、生活、示范"功能，以全面服务农机科研主体、农机生产主体、农机推广主体、农机应用主体为目标，用通俗易懂的语言、形象直观的图片、实用新型的技术以及最新的科技成果展示，力求形成一套图文并茂、好学易懂、易于实践的技术手册和工具书，为广大农民和农机科研、推广等从业者提供学习和参考资料。

# 目 录
## CONTENTS

**第一章　旱作机械化技术** ··················································· 1
  第一节　深松机械化技术 ················································ 1
  第二节　机械镇压技术 ·················································· 7
  第三节　机械植保技术 ·················································· 13
  第四节　化肥深施技术 ·················································· 19
  第五节　机械中耕技术 ·················································· 24
  第六节　秸秆粉碎还田技术 ············································ 29

**第二章　灌溉机械化技术** ··················································· 34
  第一节　喷灌技术 ························································ 34
  第二节　滴灌技术 ························································ 46
  第三节　其他微灌技术 ·················································· 49
  第四节　水肥一体化技术 ··············································· 53
  第五节　智能灌溉控制技术 ············································ 57

**第三章　肥料施用技术** ······················································ 62
  第一节　颗粒肥施用技术 ··············································· 62
  第二节　厩肥施用技术 ·················································· 73
  第三节　液态有机肥撒布技术 ········································· 79

**第四章　高效植保机械化技术** ············································ 83
  第一节　循环喷雾技术 ·················································· 83
  第二节　静电喷雾技术及机械 ········································· 92
  第三节　防飘喷雾技术 ·················································· 96

## 第五章　农作物秸秆综合利用技术 109

第一节　秸秆捡拾打捆机械化技术 109

第二节　秸秆肥料化利用技术 116

第三节　秸秆饲料化利用技术 132

第四节　秸秆能源化利用技术 139

第五节　秸秆工业原料化利用技术 153

第六节　秸秆基料化利用技术 160

## 第六章　粪污资源化利用技术 171

第一节　粪污清理机械化技术 171

第二节　粪污资源化利用机械装备 178

第三节　粪污资源化利用技术模式 188

## 第七章　农膜收集及资源化利用技术 194

第一节　农膜收集机械化技术 194

第二节　农膜清洗及循环再利用造粒技术 201

## 第八章　种养加一体化技术 206

第一节　种养加典型模式 206

第二节　种养加一体化技术存在问题及实现途径 209

第三节　种养加一体化机械化技术模式典型 211

## 参考文献 215

# 第一章 旱作机械化技术

## 第一节 深松机械化技术

### 一、技术内容

深松耕作是指用松耕铲或凿形犁等松土工具疏松土壤而不翻转土层的一种深耕方法，简称深松。

小型农机具多年连续工作，耕层浅，导致土壤板结严重，耕作阻力变大，犁底层的土壤变得硬且脆。厚硬的犁底层阻碍了土壤上下水气的贯通以及天然降水的贮存，另外，农机具的连年作业造成土壤中蚯蚓以及许多生物大量死亡、土壤毛细管的破坏、输送土壤养分能力破坏，植株正常生长对水、肥、气及热的需求难以维持，影响产量。采用深松蓄水技术，可以很好改善土壤蓄水保墒能力，建立土壤水库，充分接纳天然降水，可以充分解决旱区农业制约瓶颈，对促进农业生产发展起到重要的推动作用。

### 二、装备配套

发达国家自21世纪30年代开始研究并使用深松耕作技术，取得了很好的效果。随着科技的迅速发展，欧美等国家和地区对深松机具的研究已经相当完善，并根据不同的需要研制出多种深松机具，形成了系列。目前，国外现有的深松机具种类主要有机械式深松犁和振动式深松机两种，一般与大功率拖拉机相配套，其特点是松土深度大、作业速度快、质量好，适用于全面深松，国外的振动式深松机主要属于自激式深松机。此外，为了适应联合作业的要求，也研制出多种深松联合作业机。国外深松机具的主要生产厂家有约翰迪尔公司和西德劳公司。

我国对深松机械技术的重要性认识较晚,从20世纪60年代初才开始进行相应的研究。很多科研院所、农场等单位做了大量的研究工作,在深松机具的设计和制造生产方面取得一些进展,目前已通过试验并投入实际生产和应用,取得了较好的效果。同时,也积极引进国外先进研究成果,根据我国农业生产的实际情况加以改善,并进行推广应用,促进了我国农业生产的发展进度。

深松机械按不同的标准可分为多种类型:①按工作方式,可分为机械式深松机和振动式深松机;②按项目数量,可分为单一深松机和可以同时完成施肥、播种、中耕(起垄)、喷施农药或除草剂等两种以上作业的深松联合作业机;③按深松范围,可分为局部深松机和全方位深松机;④按作业机具结构原理,可分为凿式、翼铲式、鹅掌式深松机等。

图1-1所示的为1SQ-340全方位深松机,该深松机为机械式深松机,采用"V"形框架式全方位深松,整机质量为505kg,外形尺寸为1 205mm×2 700mm×1 350mm,配备有3个梯形框架式工作部件,松土深度可以调节,配套动力为73.5~88kW。

图1-1　1SQ-340全方位深松机

如图1-2所示的青岛鲁耕1S-300B深松机为机械式深松机,整机质量为860kg,外形尺寸(长×宽×高)为1 690mm×3 310mm×1 418mm,配备有6个深松铲,深松铲结构形式为曲面铲,工作幅宽达300cm。

图1-2　青岛鲁耕1S-300B深松机

图1-3所示为美国生产的约翰迪尔牌915"V"形深松机,该深松机采用抛物线型齿尖,带有安全脱开弹簧复位装置。

图1-3　915"V"形深松机

图1-4所示为马斯奇奥PINOCCHIO系列全方位深松机。该深松机采用深松铲和翼型铲组合的方式,达到全方位疏松土壤的效果,铲腿及铲尖采用渐近式入土角度设计,入土性能佳,耕作效率高,正常作业速度为6~10km/h,在深松部位后配备有双钉齿形镇压辊,可以有效碎土、混茬、镇压以及平整土壤,一次性完成深松和碎土作业,使土壤表面平整、细致。

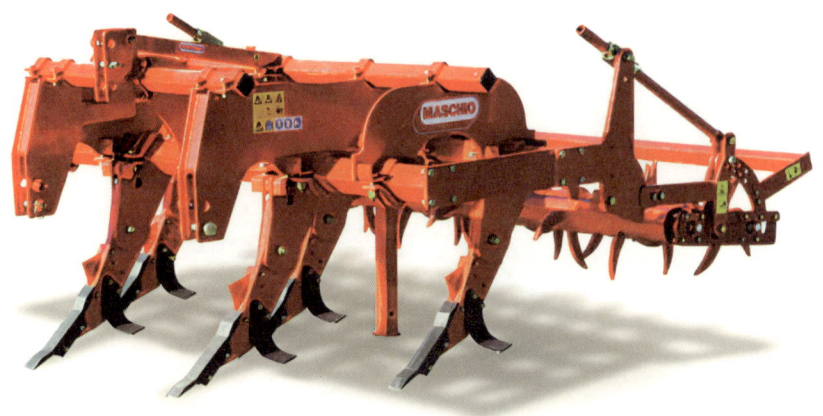

图1-4　青岛马斯奇奥PINOCCHIO系列全方位深松机

图1-5所示的大华宝来1S-300C全方位深松机,该深松机为机械式深松机,整机质量为1 692kg,外形尺寸为3 100mm×3 200mm×1 500mm,采用主铲+左右翼铲的一体式翼形犁,单铲的耕作幅度设计为35cm,搭载具有防过载保护功能的弹簧铲座,选用三排梁框架结构,铲间距为30cm,作业行数10行,作业幅宽达300cm,深松深度25~35cm,配套147~191.1kW动力,生产效率可达1.5~2.4hm²/h。

图1-5　大华宝来1S-300C全方位深松机

图1-6所示为河北机电生产的ISS-300Z重型振动式深松机,该深松机为振动式深松机,深松作业最大深度可达到50cm以上,彻底打破土壤犁底层,深松

作业效果好。整机质量1 800kg，外形尺寸2 500mm×1 700mm×145mm，配备有5个深松铲，作业幅宽300cm，作业效率1.8~2.4hm$^2$/h。深松机前部配备有波纹圆盘切刀，可将麦茬、杂草等切断，达到保护耕作的目的，能有效地减少对深松铲的拥堵，提高作业效率。深松铲装配采用弹簧和剪切螺栓双保险结构，避免作业过载时损坏深松铲，提高机具的适应性。

图1-6 ISS-300Z重型振动式深松机

### 三、操作规程

农机深松适用于大部分类型的土壤，特别适用于对中低产田的改造和不宜翻耕作业的土层浅地块。深松作业在春夏秋冬四个季节都可进行：一是春季玉米播种前深松；二是夏季小麦收获后深松、施肥、播种复式作业；三是秋季玉米收获后，秸秆粉碎、深松、旋耕、播种、镇压；四是冬季闲置地块，一般冬前进行。

农机深松整地需要合理把控深松的时间段。在具体的应用中，此技术的使用时间主要是依据不同农作物的实际采收状况决定，通常情况下全面都可以应用，但是农作物种类不同，应用时间存在差异性。例如，在小麦播种前可以在深秋季节应用农机深松整地技术，保证土壤更好地存蓄深秋、冬季的降水与降雪，为春旱做好充足准备。需要在第二年春天进行播种的作物可以选择在入冬之前使用农机深松整地技术，进而有效的提升机械生产效果，有效积蓄冬季降水。

在使用农机具之前应充分了解其用途、效果及操作要点，并在投入使用前进行检查与调整，通过水平方向的左右前后调整，保证操作使用的顺利性。水平方向左右出现问题将会导致深松深度难以把控，使土壤深松质量欠佳，影响整地效果；水平方向前后出现问题，会影响施耕、播种的联合作业质量，影响整体作业进度，增加燃料消耗量，将生产作业成本升高。还要做好对深松农机具的日常保养与维修。在深松作业班次结束后，及时进行农机具清理工作，将杂草等附着物进行清除，保证农机具始终具备良好的待机状态。注意大负荷作业下的农机具润滑工作，在每一个班次都需要进行两次的轴瓦注油或转动部位注油，并密切观察农机具的使用磨损情况，及时紧固小部件，必要时进行替换。同时注意对农机具运行状态下的零部件进行观察，尤其是要保证螺纹件的轴螺母紧固且牢靠。将短途运输中的犁位置提升，并适当降低运行速度。

具体来讲，选择深松整地农具应注意以下几点：

（1）深松整地机应具有良好的通过性。不应因为杂草、秸秆、土块堵塞而导致拥堵，同时要求深松整地农具前部应当配备杂草、秸秆分离或者切割装置，而且深松铲之间的间隙应当十分合理，深松铲最好可以进行前后左右错列布置。

（2）在干旱或者半干旱地区，应当选择联合机，并在其候补配备碎土镇压设备，进而促使土地更为平整，并且降低水分挥发。

（3）在夏玉米种植的地区，必须要保证深松后，地表平整、地表墒沟小，以便在深松后可以直接进行播种工作，尽量降低车辆二次进场，造成翻整过的土地被压实。

（4）夏玉米种植区，在选择旋耕深松全层施肥精播机的时候，应当尽可能选择灭茬旋耕深松全层施肥精播机，进而可以很好地对前茬作物灭茬，以此保证机组的作业质量和作业效果。

（5）在旋耕深松施肥播种复式作业机，要求装置可以实现仿形浮动，最好可以是四连杆仿形机构。在进行行距调整时，应当使行距范围可以尽量满足当地的有关要求，而株距可以满足当地多种株距的相关要求。施肥量应当可以进行自由调节，使其可以满足相对应农作物的营养需要。

除此之外，选择配套的拖拉机动力应注意：由于深松作业负荷比较重，因此选择的配套拖拉机的动力应当比较强，根据作业形式、深松深度以及幅宽相对应有所区别。履带式和四轮驱动的拖拉机具有更好的效果，可以选择其作为配套主机。

在使用深松机时，一般先将深松机的悬挂装置以及拖拉机的上下拉杆相连，通过调整拖拉机的悬挂板孔位以及上拉杆，使深松机达到预定耕深后前后保持水平，松土深度一致，确保深松机工作时左右入土一致、左右工作深度一致。

必须严格按照农机具的使用说明书进行保养使用，深松机一定要专人维护使用，需要熟悉掌握机器的性能，并了解机器的结构，掌握每一个操作点的调整与使用。工作前需要检测润滑油、链接螺栓以及易磨损件，正式工作前必须进行深松试作业，调整好深松的深度，检查机身机具各部工作情况以及作业质量，如果有问题必须及时解决、及时调整。在深松作业中，深松间距必须保持一致，发现机具有堵塞及时清理，如果机器有异常的响声以及有阻力，必须停下检查原因及解决问题，深松机必须缓慢进行，不可强行作业以及损坏机器，工作一段时间就应该进行全面检查，发现问题及时维修。完成作业任务后，整机需停放在干燥、避雨和阴凉处保存。

## 四、作业质量标准

依据 DB11/T299-2005 深松机械作业质量需满足以下要求，如表 1-1 所示。

表 1-1 作业质量标准

| 序　号 | 项　　目 | 质量指标要求 |
|---|---|---|
| 1 | 入土行程 | ≤ 1m |
| 2 | 深松深度 | ≥ 30cm |
| 3 | 深松深度变异系数 | ≤ 10% |
| 4 | 土壤容重变化率 | ≥ 5% |
| 5 | 土壤坚实度变化率 | ≥ 5% |
| 6 | 行距一致性 | ≤ 15% |

# 第二节　机械镇压技术

## 一、技术内容

机械镇压一般分为：播前镇压与播后镇压。其中，播前镇压又分为：耕前镇压、耕后播前镇压。

耕地前镇压目的是镇压上季收获作物的残茬和绿肥等，为犁耕后快速腐烂提供有机肥料；犁耕后和播种前的镇压是为了使大土块破碎，消除土壤中的大空隙，使种床平整，为播种创造良好条件，保障播深一致性，减少土壤中水肥蒸发，为种子发芽提供充足的水肥保障。

播后镇压是北方旱作农业的一项传统农艺技术措施和主要技术环节，其作用一是能提高土壤坚实度，使苗带土壤吸收地下水分的能力增加，播后及时进行苗带镇压可使种床紧实度适宜，同时还使种子与周围湿土密接，起到提墒、保墒和供墒作用；二是防止风蚀，镇压后种床土壤由疏松状态变为紧实状态，有效防止风力冲击，特别是苗带镇压，可在种床土壤的两侧形成一定宽度的肩墙，从而避免大风对苗眼的侵袭。作为播种作业的最后一道环节，镇压质量会直接影响播种作业的整体质量，现在很多播种机都配备有镇压装置。

### 二、装备配套

目前，镇压装置按功能来说，一是主要用于全面镇压的镇压器，属于整地机械；二是主要用于播后镇压的镇压轮或镇压辊，属于播种机械中精密播种机附带的一部分。

图 1-7 所示的 1Z-160 型镇压机属于整地机械，是针对冬小麦土壤压实的产品。通过镇压，可以把表层土压实，能保墒，有利于籽粒着床，提高发芽

图 1-7 1Z-160 型镇压机

率，达到苗齐、苗壮、冬季抗旱、抗寒的目的，使小麦能安全越冬。该镇压机的外形尺寸为 1 740mm×810mm×680mm，整机质量为 186kg，可以根据实际的田间土壤状况增加配重，镇压轮的直径为 485mm，镇压强度大于 5 600Pa，镇压幅宽 1.6m，与 13.1kW（18 马力）以上的四轮拖拉机配套使用，每小时可作业 10~15 亩。

图 1-8 所示的联合整地机 Smaragd，可以用于灭茬到苗床准备，拖拉机动力 55~180 马力，工作幅宽 2.6~4m。耙片和镇压辊被固定到一个平行四边形的梁框上，工作深度易于调整。镇压辊上增加了钉齿，减少镇压辊的滑动，在镇压的同时

具有灭茬的作用。

镇压机械可以根据镇压轮的不同来分类。目前播种机上常用的镇压轮主要有以下几种。

（1）圆柱镇压轮，其又分为光面圆柱镇压轮和网面圆柱镇压轮两类，表面为薄钢板。圆柱镇压轮作业过程中与土壤接触充

图1-8　德国LEMKEN联合整地机Smaragd

分，接触面积相对较大，因此作用在土壤上的镇压力比较均匀。

图1-9所示的2BMG-4/5（180）免耕播种施肥机，该播种机施肥机后部就配有圆柱式镇压轮，且镇压轮采用仿形设计，每组播种后部配有一个镇压轮单体。图1-10所示机械采用后镇压滚仿行设计，保证了播耕深一致。

图1-9　亚澳2BMG-4/5（180）免耕播种施肥机

（2）空心镇压轮，分凸面和凹面镇压轮，可根据需要在轮内填充适量的沙子，增加镇压轮对土壤的镇压力。由于两种镇压轮的表面形状不同，因此作业后的镇压效果也有所不同。凸面镇压轮，对种子上方土壤的镇压力较大，对两侧土壤的镇压力较小，而凹面镇压轮的镇压效果则相反。

生态农业机械化技术及装备

图 1-10　亚澳 2BYF-4（200）玉米精量施肥播种机

（3）圆锥复合镇压轮，是由两个钢板通过冲压形成的。为了适应不同作物种植的农艺要求，可根据实际需要调整两个锥形轮之间的距离，得到宽度合适的圆锥复合镇压轮。

（4）胶圈镇压轮，由胶圈、钢丝、镇压轮架、活动环和轮轴等组成（图 1-11）。在镇压轮作业过程中，在土壤的挤压作用下，胶圈与土壤接触部分会发生扭曲变形，不受力时变形部分会恢复到自然状态，此过程中的扭曲变形和恢复对接触土壤起到了良好的脱附作用，能有效降低镇压轮表面的土壤粘附。

（5）宽型橡胶镇压轮，有多种形式，可根据作物的不同要求，选择不同的形式。橡胶内腔与外界大气压是相通的，即空腔内外压强相等，因此宽

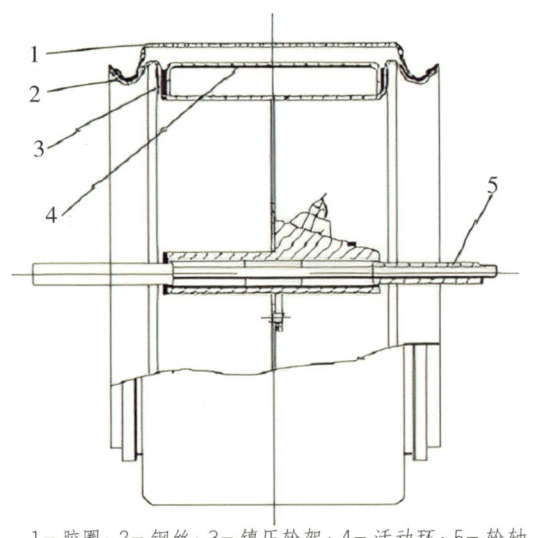

1-胶圈；2-钢丝；3-镇压轮架；4-活动环；5-轮轴

图 1-11　胶圈镇压轮

型橡胶镇压轮又称为零压镇压轮。运动过程中可通过橡胶的扭曲变形和恢复交替实现脱附土壤的效果，通过增加表面花纹可以减少镇压过程中的打滑现象。图1-12所示的镇压部件为农哈哈2BYQF-3气吸式玉米播种机后部的镇压装置，采用宽型橡胶仿形轮，胎面覆土效果好，橡胶材质容易脱土。

（6）窄型橡胶镇压轮，其组合形式多样，特点是与土壤接触面积小，镇压力较大，同时橡胶表面使其粘附土壤较少。常用于免耕播种机上。图1-13为德国（LEMKEN）索力特Solitair9气力式精量播种机上的窄型橡胶镇压器。

图1-14所示的DEBONT（德邦大为）2605气吸式免耕精密播种机上配备的镇压轮为一种组合式的"V"形窄型镇压轮，该种结构的镇压轮可以减少对落地种子的推动。

图1-12　宽型橡胶仿形轮

图1-13　窄型橡胶镇压器

图1-14　组合式"V"形镇压轮

除此外，小麦播种机上还常使用镇压辊，该种镇压器成本低，但镇压力相对不均匀，有的将这种镇压辊上的钢管改为斜置的结构，一定程度上改善了该种镇压器的镇压均匀性（图1–15）。

图1–15　农哈哈辊式镇压轮

## 三、操作规范

镇压是精密播种作业的一个重要环节，对种子的实际播深、株距、发芽、出苗、长势和产量等有很大的影响，镇压力低起不到提墒效果，镇压力过大又会造成板结而影响出苗。因此，镇压力的选择应因时因地而宜。

在使用机具前，要根据实际的田间土壤状况，调节好镇压器的高低和镇压力的大小，在镇压器自身无法满足镇压要求的情况下，可以适当增加配重。现多数播种机自带有镇压部件，且播种机排种的动力通过镇压轮来提供，因此在田间工作时，播种前要调整好机具高度，在不需要播种，如在地头转弯时，要将镇压部件升起，以避免种子的浪费。

为避免和减少耕作失墒现象，应尝试各种镇压方法。一般情况下，低洼易涝、水分存量多、蒸发散失少的土壤，种植后应采用轻型或"V"形镇压法；岗地或岗平地种植时应采用苗眼重镇压法或苗眼指夹镇压法。

春季风大易涝地区，要进行早春整地顶浆打垄轻镇压；春耕后土壤要做到及时镇压；秋耕土壤应随耕随耙随镇压；春播后土壤镇压应在其表面出现 1cm 左右干土层时进行，强度要达到 63 700kN/m²。特别注意，对于不需要连年耕作的保护性耕作免耕播种作业，则实行指夹式挤压镇压，强度达到最大化。

### 四、作业质量标准

播种镇压前要注意覆土器的覆土质量。覆土器应满足覆土厚度一致，且不改变种子和幼苗在种沟内的位置，后者对精密播种尤为重要。覆土器应满足如下要求。

（1）覆土严密，覆土深度稳定，尽量使湿土接触种子，干湿土基本不混合，以利于保墒和种子发芽。

（2）覆土量可调，在土壤、作物和气候不同的播种条件下具有广泛适应性；不混土，实现湿土覆种。

（3）覆土时不拖堆，不缠草，保证覆土质量。

适时镇压，在土壤水分适宜时进行，要求镇压时不粘土、不拖堆、不伤苗。镇压后的种床表面无鳞状裂纹出现。对于播种后镇压作业的农艺要求压强为 30~50kPa，同时保证种子上方覆土厚度为 3~4cm。

## 第三节　机械植保技术

### 一、技术内容

植物保护是农业生产的重要组成部分，也是确保农业丰产丰收的重要措施之一。而植保机械则是实现这一目的必不可少的生产工具，植保机械是防病治虫的有力武器，也是保护经济作物、果树、牧草不可或缺的器械。

高效植保机械作业能够减少环境污染、防止人员中毒，在农业生产过程中起到了不可替代的重要作用。发达国家形成的以大型地面植保机械和航空植保相结合的立体防治体系，于 20 世纪 90 年代初已经实现法律化、专业化和现代化，其主要特点有：一是满足越来越高的环保要求，实现低喷量、精喷洒、减少污染；二是保障防治及时有效彻底，实现高工效、高精准，提高防效；三是高标防护人身安全，实现自动精确配混、操控环境隔离，保障安全；四是统一预测预报、统一开方配药和统一施药防治，实现专业化统防统治服务。

在机械化施药技术方面，主要以拖拉机配套悬挂或牵引式、自走式大型机具为主。根据不同农田、作物对象，以宽幅喷杆为特征体现高效率，以风送高穿透性为特征体现针对果园施药等对靶性。针对环境、农产品品质、人身安全和施药效能，以预警预报为决策依据，以自动导航、精量配混、精确定位、变量施用和雾化沉积等高新技术为核心，以配套机械、专业管理和全程服务为保障，重点形成了法制化的防治体系。

## 二、装备配套

植保机械从产生到发展，主要经历了以下 4 个发展和变迁阶段：由低效的人工操作向高效的大功率机械发展；高科技喷雾机向高效、可控方向发展；新材料、新工艺的应用，使植保机械性能更加完善；由环境污染严重的喷药方式转向以绿色防治为主的环保方式。

随着社会环保意识的提高，植保机械也必然向减少和避免污染的方向发展，如使用静电喷雾技术，国外已采用封闭式注药和混药，自动对靶选择性喷雾与自动控制等新技术成果；也有使用电子杀虫器、机械式灭虫机等非化学药剂植保机械及超声植保、电光源植被等新型无污染方法的报导。发达国家的农田喷药大部分由专业无人智能机械完成，国外的施药技术不仅考虑到突发性、重灾性，还考虑到全面性，针对农业生产还关注到了经济性。

相比于发达国家，我国的植保技术和机械仍处于较为落后的阶段，常用机具有单管喷雾机、压缩式喷雾器机、背负式喷雾机、喷杆喷雾机等，存在严重的"跑、冒、滴、漏"现象。同时，当前机械施药技术不规范，农民缺乏正确的施药方法指导，每年都会有因农药和药械使用不当而产生中毒伤亡的事件。缺少必要的操作知识，对农业机械的不当使用还会造成农产品中农药残留超标。除施药技术外，我国的植保机械产品结构单一，专业化、系列化程度低，植保机械基本上以手动和小型机具为主，专用植保机械还没有发展完全，大多利用同一种机具进行多种不同的施药作业，无法满足农作物病虫害防治对施药器械多样化的需求。运用于植保机械上的高新技术少，产品技术水平低。除此之外，我国的植保行业技术标准不健全，产品质量和使用监控体系不完善，缺乏完整和系统的机械施药技术规范。现在国内主要使用的植保机械主要有以下几种。

## （一）手动植保机械

手动背负喷雾器由于其简单的结构，便宜的价格，占据了植保机械很大的市场。如图1-16所示的市下牌SX-CS8A喷雾机。该喷雾机为肩负式，容量8L，毛重1.8kg。不仅可用于打药喷雾，还可用于浇花等。

图1-16　SX-CS8A喷雾机

## （二）电动植保机械

随着我国工业的发展，相继生产出电动担架式喷雾机和背负式喷雾机等。这类喷雾机械省工省力，使用方便。背负式喷雾机应用广泛，通过更换喷头，还可得到多种喷雾，实现多种用途。如图1-17所示的蓝艺背负式电动动力喷雾器，容量为20L，重量为5kg，配有不锈钢伸缩式喷杆、铜芯高压回流泵和12V-1.2A智能型三段式充电器，可用于农药喷洒、小区绿化和公共场所的消毒等。

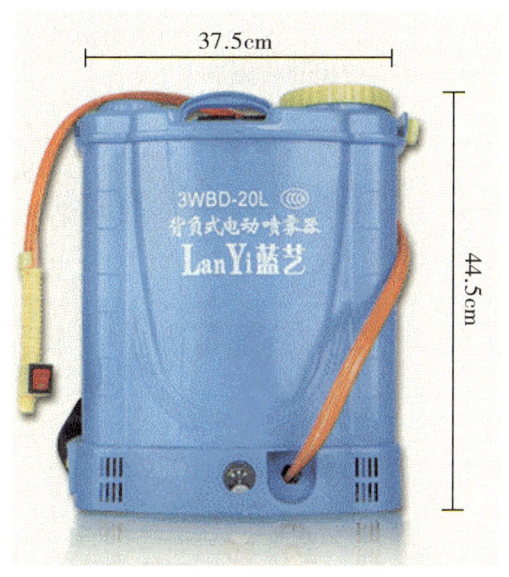

图1-17　背负式电动动力喷雾器

## （三）拖拉机配套植保机械

该类喷雾机多为悬挂式喷杆喷雾机。随着拖拉机在农业上的广泛使用，拖拉机配套机械也得到发展，与拖拉机配套的植保机械可充分利用动力，节省劳力。如图1-18所示的东方红3W-600型喷杆喷雾机，可与50马力以上的拖拉机配套使用，该喷雾机采用喷杆水平作业形式，主要用于大田农作物如玉米、小麦、大豆等喷施化学除草剂、杀虫剂、杀菌剂、作物生长调节剂及液态肥料等。喷雾机外形尺寸为2 400mm×1 100mm×2 150mm，药箱容量600L，喷幅可达12m，喷杆可以折叠。

生态农业机械化技术及装备

图 1-18　3W-600E 悬挂式喷杆喷雾机

不过这类喷雾机械,由于配套动力较大,比较笨重,喷药装置挂接烦琐费时,机器转弯半径大,操作复杂,限制了这类植保机械的发展。

### (四) 自走式喷杆喷药机

图 1-19　3WX-1000G 自走式喷杆喷雾机

自走式喷杆喷雾机带有自走装置,通常地隙较高,可以减少在喷雾时对作物的破坏。图 1-19 所示的东方红 3WX-1000G 自走式喷杆喷雾机全液压行走,相比悬挂式喷雾机,该类喷雾机转向、操作省力,喷雾机地隙高,更好地适应了我国特殊而复杂种植模式的需求,整体采用门框式结构,作业时只在两行作物间穿行,减小了对作物行距的要求,穿行结构轮胎中心轴处只有 370mm,通过性好,可以适应小的行距作物。采用进口喷嘴,雾化均匀,减少农药使用量,降低农药残留,采用三喷头体的喷头,同时配有三种不同的喷嘴,可以适应多种农艺喷洒要求。药箱内搅拌采用射流搅拌结合回水搅拌,确保药液搅拌均匀。采用电液结合控制技术,在驾驶室内即可完成喷杆的展开、折叠、升、降、左右平衡和喷雾开关,一人即可完成所有作业需求。

## （五）航空植保机械

随着航空工业的发展，航空植保机械也得到了快速的发展。航空植保机械可及时有效地控制大面积的病、虫、草害，特别是小型直升机的应用，更加灵活便利。

图1-20　华盛泰山WS-Z1805多旋翼植保施药机

图1-20所示的WS-Z1805型多旋翼植保施药机，采用高效储能锂电池作为电源，节约能源降低适用成本；附带远程视频监控系统，实现大面积观测。可以遥控操作，无须人员驾驶，整个施药过程人员远离农药，安全性好；操作相对简单、投放准确，可以超低空作业、作业质量高、无噪音污染；起飞性能好，不需要太大的场地，在田间地头即可实现起飞降落；作业效率高，相比人工提高30~50倍，大大解放了劳动力。喷雾机采用超低量喷头喷洒，雾化更细，雾滴可均匀粘附在农作物上，提高了农药利用率，节约了农药成本，降低了水土污染，起到了保护环境的作用。

## 三、操作规范

### （一）作业前要求

（1）操作人员应经过相关施药技术培训，并熟悉拟使用的喷雾机、相关农药和农艺等知识；拖拉机、自走式喷雾机的驾驶人员应持有农业（农业机械）主管部门发放的驾驶证、车载式喷雾机的车辆驾驶员应持有准驾车型的驾驶证；老、弱、病、残、皮肤损伤未愈者及哺乳期妇女、孕妇，或者有妨碍安全操作疾病的人员不应该进行施药操作，操作人员饮酒、服用国家管制的精神药品或者麻醉药品后，或过度疲劳时不应操作喷雾机。

（2）操作人员使用喷雾机前应仔细阅读使用说明书，并理解使用说明书中有关喷雾机安全操作要求的事项。

（3）操作人员应按使用说明书的规定对喷雾机进行检查、调整，确保其状态良好。对车载式、自走式、悬挂式和牵引式喷雾机，操作人员应检查：车载式喷雾机在承载机动车车厢内放置应平稳、固定可靠；自走式喷雾机离合器、刹车等装置操作应正常可靠；自走式喷雾机、牵引式喷雾机轮胎（如果有）压力应符合使用说明书规定值。

（4）喷杆喷雾机在喷杆展开、折叠或者升降前，喷杆架下方及其展开幅度范围内应无人员、电线及其他障碍物，喷杆展开、折叠或者升降要缓慢进行。

### （二）作业时要求

（1）在施药作业时，操作人员应佩戴个人防护装备，如穿戴长袖上衣、长裤、鞋袜、口罩、手套、眼镜等，不应吸烟、饮水、进食，不应擦嘴、脸和眼睛。

（2）配制农药时，至少应有2人在场，配制农药现场应通风，且远离住宅区、牲畜栏和水潭等场所，操作人员应严格按农艺要求和喷施面积配制农药量，直接用药箱配药时，应先在药箱中加1/3药箱容量清水，再将每箱实际所需农药量加入水中并搅拌均匀，然后再加水至施药量并搅拌均匀。

（3）禁止逆风或在高压线危险区域喷洒农药，操作人员每天施药时间不应超过6h，连续施药不应超过5d。喷雾机起动时，喷口或喷枪前不应站人，喷雾机起动后，应在不施药的状态下低俗运转3~5min，在确认喷雾机运转平稳、无异常声响后，再调高到额定转速实施作业。

（4）施药时，喷雾机应按照规定的速度匀速前进，如需要对喷雾机调整或排除故障时，应停车并按照使用说明书中有关故障及排除方法提示操作。对于风送式喷雾机作业时，操作人员不可拆下风机护罩，操作人员应安遵守施药时先开风机后喷雾，结束时先停喷雾后停风机的操作步骤。

### （三）作业后要求

（1）作业完成后，喷雾机中未喷完的药液应回收，并妥善存放在专用容器中，处理农药时，应当遵守农药生产厂所提供的安全说明。

（2）应对喷雾机药箱、过滤器、管路等进行清洗，将清洗废液喷洒到目标作物上，但应保证这种重复喷洒不会超过所用农药产品标签上标明的使用剂量。

(3)应在施药区域周边竖立安全警示标记,施药后禁入期过后应及时撤除。

(4)操作人员应及时换下防护服、手套等个人防护装备,清洗手、脸等裸露部分的皮肤,并用水漱口,换下个人防护装备应立即清洗2~3遍,晾干存放。

(5)在温度降到0℃及以下的地区,喷雾机在使用后,应将喷雾机中水排尽,以防喷雾机冻坏;喷雾机应按使用说明书要求进行定期维护和保养。

(6)喷雾机不应露天存放,应置于干燥、通风、避光、远离酸碱的机库内。

## 四、作业质量标准

参照中华人民共和国农业行业标准《NY/T 650-2002 喷雾机(器)作业质量》,在一般条件下作业时(无雨、少露,温度在5~30℃,风速不大于3m/s),喷雾机的作业质量应满足表1-2的要求。

表1-2 作业质量标准

| 项 目 | | 作业质量标准 | | |
|---|---|---|---|---|
| | | 常规量喷雾 | 低量喷雾 | 超低量喷雾 |
| 药液覆盖率,% | 非内吸性药物 | ≥33 | – | – |
| 雾滴沉积密度,$cm^{-2}$ | 杀虫剂 | – | ≥25 | ≥10 |
| | 内吸性杀菌剂 | | ≥20 | |
| | 非内吸性杀菌剂 | | ≥50 | |
| | 内吸性除草剂 | – | ≥30 | – |
| | 非内吸性除草剂 | | ≥50 | |
| 雾滴分布均匀性变异系数,% | 手动喷雾器 | ≤30 | ≤40 | – |
| | 机动喷雾机 | ≤50 | ≤50 | ≤70 |
| 作物机械损伤率,% | | ≤1 | | |

## 第四节 化肥深施技术

### 一、技术内容

化肥深施是相对于表施或浅施等施肥方式而提出的,是指在耕地、整地、播种和作物生长中期,按照农作物生长要求的施肥数量和位置,采用机械装置,将化肥准确及时地施入土壤表层以下一定深度（一般为6~10cm）并严密覆盖和镇压，既能保证被作物充分吸收，又能显著减少肥料有效成分的挥发和流失，达到节肥增产增效的目的。

化肥深施主要有以下的优点：一是提高化肥利用率，减少化肥的损失和浪费；二是增加作物产量，化肥深施可以促使根系发育，增强作物吸收养分、水分和抗旱能力，有利于植株生长，从而提高作物产量；三是机械作业能保证种、肥定位隔离，避免烧种现象。

按施肥和种子的位置，有侧位深施和正位深施（俗称肥、种分层）两种形式。侧位深施种肥施于种子的侧下方，小麦种肥一般在种子的侧、下方各2.5~4cm，玉米种肥施深一般在5.5cm，肥带宽度宜在3cm以上，肥条均匀连续，无明显断条和漏施。要注意：在播种的同时将化肥一次施入土壤中，要根据肥料品种、施用量等，决定种与肥的距离；防止种、肥过近造成烧种烧苗。

另外，在作物生长中期需要追肥深施时，要按农艺要求的追肥施量、深度和部位等使用追肥作业机具。一机完成开沟、排肥、覆土和镇压等多道工序的追肥作业，相对人工地表撒施和手工工具深追施，可显著地提高化肥的利用率和作业效率，追肥机具要有良好的行间通过性能，对作物后期生长无明显不利影响（如伤根、伤苗和倒伏等）。追肥深度（以作物植株同地面交点为基准）应为6~10cm。追肥部位应在作物株行两侧的10~20cm（视作物品种定），肥带宽度大于3cm，无明显断条，施肥后覆盖严密。

## 二、装备配套

### （一）底肥深施机具

底肥深施机具包括犁底施肥机和垄体施肥机。犁底施肥机是在有各种犁耕、旋耕机具上，加装肥箱、排肥器、传动机构和输肥管，在犁耕或旋耕作业的同时，将化肥施入犁沟底部或耕层中去的一种组合式联合作业机具。不进行施肥作业时，卸下施肥装置，不影响原机具的使用。这种施肥机比较受用户欢迎，它的机型也较多。

图1-21　施肥起垄犁

垄体施肥机是一种联合作业机型，可在玉米等垄作作物的播种起垄作业时，将尿素等颗粒状化肥分两层施入垄体，两层化肥之间相隔5~8cm土层，化肥在作物生长不同时期发挥作用，上层肥料主要起种肥作用，下层肥料主要起底肥作用，所以这种施肥机是兼有种肥施肥机和底肥施肥机作用的一种机型。

图1-21所示的施肥起垄犁结构有铧式起垄犁，带有不锈钢肥箱，适用于旋耕后的旱地、黏土地，可以在起垄的同时施肥，在不需要施肥的时候又可以将施肥部件拆下来，作为起垄机用。外观尺寸为1 300mm×1 030mm×1 000mm，重量88kg，起垄宽度为400~900mm，起垄高度为300~400mm。

**（二）种肥深施工具**

种肥深施机具通常为施肥播种机，在一个机架和传动机构上，并列着两套机构，一套播种，一套施肥，可在播种的同时施肥，是化肥深施机具中运用最广、型号最多的联合作业机型。有的机型采用精量、半精量排种器，节种增效作用明显，有的机型还装有铺膜等机构，联合作业项目更多。施肥位置不同，按施肥播种机可分为正位施肥和侧位施肥两类机型。

正位施肥机的开沟器一般分两排排列，前排开沟器施肥，后排开沟器播种，两排开沟器处于前进方向的同一纵向平面内，施肥开沟器工作深度较深，使肥料处于种子正下方，种肥之间有3.5~5.0cm土层相隔，所以有的机型也称作种肥分层播种机。如图1-22所示的农哈哈2BYSF-4勺轮式玉米播种机，该机与拖拉机配套作业，主要用于免耕地单粒精播玉米，可条施晶粒状化肥，一次完成开沟施肥、开种沟、播种、覆土、镇压等工序，两行机添加铺膜机构可以完成地膜覆盖。机具外形尺寸为1 500mm×2 273mm×980mm，机具重量为280kg，播种和施肥都为4行，行距530~622mm，开沟深度和施肥深度为60~80mm，播种深度为30~50mm，在播种玉米的同时还可以正位深施化肥。

**图1-22 2BYSF-4勺轮式玉米播种机**

侧位施肥播种机的结构与正位施肥播种机基本相同,只不过它的施肥开沟器与播种开沟器不在同一条线上,而处于播种开沟器的两侧,把化肥施在种子旁侧,多用于玉米、大豆、高粱和棉花等宽行距的中耕作物播种施肥作业。如图1-23所示的大华宝来2BMQF-6免耕覆秸精量播种机,该播种机的施肥开沟器在播种开沟器的侧边。

图1-23 大华宝来2BMQF-6免耕覆秸精量播种机

### (三)追肥深施机具

追肥机具是在作物生长中期和后期施肥的机具,排施的肥料以尿素等速效肥为主,有的机型也可排施碳铵。追肥深施机具包括中耕施肥机和手动追肥工具。中耕施肥机具是在作物生长中长期和后期施肥的机具,排施的肥料以尿素等速效肥为主,有的机型也可排施碳铵。如图1-24所示的吉林康达2ZM-2型免耕追肥机,适用于玉米全秸秆覆盖免耕播种地块苗期追肥,施肥位置在苗侧15~20cm,地

图1-24 2ZM-2型免耕追肥机

表下 8~10cm。

由于追肥期是作物生长的中、后期，植株高大，限制了机械追肥作业，近年来，各地针对这一矛盾，相继研制出一批手动追肥机具，可分别施固态化肥和液态化肥。图 1-25 所示的手动施肥器重量 2.8kg，带有背包，可用脚踏施肥，省时省力，施肥量可以调节。

## 三、操作规范

操作机手在进行作业前要经过专门的技术培训，以便熟知化肥深施技术的作业要点和掌握机具操作，能按要求调整机具和排除机具作业中出现的故障。

图 1-25　手动施肥器

作业前要调整施肥量、深度和宽度，使机具满足农艺要求。调整时肥箱里的化肥量应占容积的 1/4 以上，并将施肥机具或装置架起处于水平状态，然后按实际作业时的转速转动地轮，其回转圈数以相当于行进长度 50m 折算而定，同时在各排肥口接取肥料并称重，计算出单位面积施肥量。确定好施肥量后机具进地进行实际作业试验，当机具入土行程稳定后，视情况选取宽度和观察点个数，在截面中肥带部位测量带宽及化肥距地表和种子（植株）的最短距离，如多点测试均满足要求，即可投入正常施肥作业。

## 四、作业质量标准

根据中华人民共和国农业行业标准《NY/T 1003-2006 施肥机械质量评价技术规范》施肥作业时应满足表 1-3 中的要求，具体质量要求如下。

表 1-3　施肥机械的排肥性能

| 序号 | 项目 | 合格指标 |
|---|---|---|
| 1 | 各行排肥量一致性变异系数，% | ≤ 13.0 |
| 2 | 总排肥量稳定性变异系数，% | ≤ 7.8 |
| 3 | 施肥均匀性变异系数，% | 翻耕施肥机械 ≤ 60；播种、移栽施肥机械、追肥机械 ≤ 40 |
| 4 | 断条率，% | ≤ 2 |

（1）深施化肥机具应符合农艺要求，化肥深施深度不同作物要求不一样。如小麦播种深度一般为 3~5cm，油菜播种深度一般为 1~3cm，因此按照化肥深施技术要求，可将化肥深度比播种深度深 2~3cm 的要求，小麦、油菜化肥深施分别应达到 5~8cm 和 3~6cm。

（2）作业时不应有断条现象，肥带宽度变异≤1cm，排肥断条率＜2%。

（3）肥料均匀度：碳酸氢铵 20%~30%，尿素等颗粒肥为 20%~25%。其中底肥深施均匀变异系数≤60%；播种深施肥均匀性变异系数≤40%；中耕深追施肥均匀性变异系数≤40%。

（4）各行排量一致性变异系数应≤13%。

（5）化肥的土壤覆盖率要达到 100%，种肥、追肥作业要保证镇压密实。

（6）施肥位置准确率≥70%。

（7）中耕深追肥作业伤苗率＜3%。

（8）各种机具的使用可靠性系数均应≥90%。

## 第五节　机械中耕技术

### 一、技术内容

在农作物的苗期，通常在苗株行间进行除草、松土、培土等作业，这些作业通常称为中耕作业。

中耕是中国农业精耕细作传统的重要特征和组成部分，也是农作物增产重要因素之一。商、西周时期中耕技术逐步形成，春秋战国时期中耕得以推广应用，秦汉魏晋南北朝时期中耕技术不断成熟，中耕工具已经配套，中耕理论日臻完善开展中耕技术的研究，对于深入认识精耕细作的农业技术有着重要的意义。

中耕深松属于机械化旱作农业节水技术，是保持耕作技术的基本要点之一。中耕的主要作用是疏松土壤，增强透气性，提高地温；切断土壤中的毛细管，保墒抗旱；改善土壤的物理性状，提高土壤肥力；消灭杂草，消灭虫害。

谷子是适宜中耕的作物，中耕具有明显的增产作用，主要原因：一是可锄草，减少水肥的消耗；二是减少水分蒸发，具有抗旱保墒的目的；三是疏松土壤，有利于根系生长；四是促进微生物活动，加速养分的分解，从而为谷子生长发育创造良好的环境条件。中耕一般在幼苗期，拔节期和孕穗期进行。以谷子为例，其在不同时期的中耕方式如下。

（1）幼苗期中耕。谷子的第一次中耕，一般结合间苗或在定苗后进行浅锄，此时幼苗大部分为独根苗，生长缓慢。因此，在中耕时应掌握浅锄、细锄、破碎土块，围正幼苗，做到深浅一致，防止伤苗、压苗。这次中耕，不仅能达到松土、锄草、提高地温的目的，而且经过浅锄后，能减少土壤水分蒸发，促进根系生长并深扎。

（2）拔节期中耕。谷子开始拔节后，随着气温的逐渐升高，进入了生长的旺盛阶段，为了避免水、肥的消耗，促进植株良好发育，在追肥、中耕前进行一次清垄是非常必要的。所谓清垄，就是将垄眼上的杂草、谷莠子、杂株、残株、病株虫株、弱小株及过多的分蘖，干净彻底地拔除。经过清垄以后，植株生长粗壮，整齐一致，株型匀称，苗脚清爽，可以增强群体内部通风透光性能，有利于植株个体的生育，提高产量。谷子的第二次中耕，是在清垄之后结合追肥浇水进行。这次中耕要求锄深、锄透、无漏锄，不仅要锄细，而且要锄到谷根，做到根部无硬埂，并少量培土，一般深度要求 7~10 cm，这次中耕很重要，因为谷子拔节开始后，进入营养生长与生殖生长并进的阶段，一方面需要大量的水分养分，一方面要控制基部节间的伸长。深中耕不仅可以多接纳雨水，而且可以拉断部分老根，促进新根生长，从而起到控促结合的作用，既控制地上部基部节间的伸长，又促进根系发育，多吸收水肥，提高谷子后期耐旱抗倒的能力。

（3）孕穗中后期中耕。此期是谷子地上部营养生长和生殖生长最旺盛的阶段，需要大量的水肥供应，此时根系基本形成，中耕不宜过深，以不伤根为原则，以免影响谷子生长。一般深度以 5cm 左右为宜。这次中耕除松土除草外，同时进行高培土。培土能促使植株基部茎节发生次生根，增加须根量，增强谷子吸收水肥和土壤对谷子的支持能力，既可防止后期倒伏，提高穗粒重，又便于后期的排灌。

（4）谷子抽穗以后，一般不再进行中耕，只拔大草，以免损伤植株，造成早衰。此时谷田如果秋雨连绵，要注意排水。

虽然中耕有诸多好处，但中耕次数不宜过多，过多的中耕次数会增加成本，还会加速 0~20cm 耕层水分散失，而且随着中耕次数增加，耕层中中脲酶、中性磷酸酶、过氧化氢酶及转化酶活性降低。

## 二、装备配套

按动力来源，中耕机可分为人力中耕机、畜力中耕机和机力中耕机；按与动力机的连接形式，中耕机可分牵引式中耕机、悬挂式中耕机和直连式中耕机；按工作条件，中耕机可分旱地中耕机和水田中耕机；按工作性质，中耕机可分全面中耕机、行间中耕机、通用中耕机、间苗机等；按工作部件的工作原理，中耕机可分为锄铲式中耕机和回转式中耕机。

常用中耕机械主要类型有除草铲、通用铲、松土铲、培土铲和垄作铧子等。目前在我国使用较多的是通用机架中耕机，它是在一根主梁上安装中耕机组，也可换装播种机和施肥机等，通用性强，结构简单，成本低。

### （一）除草铲

除草铲可换装播种或施肥部件，用于作物行间第一二次松土除草作业。除草铲分为单翼式、双翼式和通风式3种。单翼铲用于作物早期除草，工作深度一般不超过6cm。单翼铲由倾斜铲刀和垂直护板组成，铲刀刃口与前进方向呈30°角，平面与地面为15°倾角，用以切除杂草和松碎表土；垂直护板可防止土块压苗，护板下部有刃口，可防止挂草堵塞。护板前端有垂直切土用的刃口。双翼除草铲的作用与单翼除草铲相同，通常与单翼除草铲配合使用，其除草作用强但碎土能力

图1-26　YZ-20中耕除草机

较弱。如图1-26所示的YZ-20中耕除草机，耕幅150cm，可在1.5m以下农作物田间除草，外形尺寸为1 300m×900m×800m，重量为100kg。

### （二）松土铲

松土铲主要用于作物行间深松土壤而不翻动土层，有利于蓄水保墒和促进根系发育。松土铲由铲尖和铲柄两部分组成。铲尖是工作部分，分为凿形、箭形和桦形3种。凿形松土铲的宽度很窄，利用铲尖保证扁形松土区的宽度。作业深度一般为10~12cm，最深可达18~20cm。箭形松土铲中耕机如图1-27所示，箭形

松土铲的铲尖呈三角形,工作面为凸曲面,耕后土壤松碎,沟底比较平整,松土质量较好。我国新设计的中耕机上,大多采用这种松土铲。桦式松土铲适用于垄作地第一次中耕松土作业,铲尖呈三角形,工作面为凸曲面,与箭形松土铲相似,只是翼部向后延伸比较长。

图 1-27 箭形松土铲中耕机

### (三) 培土铲

培土器由铲尖、分土板和培土板组成,主要用于玉米、棉等中耕作物的培土壅根和灌溉地的行间开沟。作业时,铲尖切开土壤,使之破碎并沿铲面升至分

图 1-28 GH4 马铃薯中耕培土机

土板上，而后被推向两侧，并由左、右培土板将其培到苗行上。培土板一般可以调节，以适应植株高矮、行距大小及原有垄形的变化。耕深为 11~14cm，由沟底至垄顶高度为 16~25 cm。如图 1-28 所示的 GRIMME（格立莫）GH4 马铃薯中耕培土机，该机标配时空重为 950kg，外形尺寸为 2 380mm × 3 270mm × 1 500mm，作业行宽为 75~91.4cm。

### （四）回转式中耕机

回转式中耕机的又可分为被动式回转和主动式回转。如图 1-29 所示希森天成 3ZMP-130 马铃薯中耕培土机，中耕机外形尺寸为 1 200mm × 1 130mm × 1 300mm，机器质量为 140kg，每小时可作业 3~5 亩。

除用于粮棉中耕作物的通用型中耕机外，我国还研制了多种类型的专用中耕机，有果园中耕机、茶园中耕机、蔗田中耕机、薯类中耕培土机、林业中耕机、胶林中耕机、动力水稻中耕机等。

图 1-29　3ZMP-130 马铃薯中耕培土机

## 三、操作规范

（1）调整轮式拖拉机的轮距。行间中耕时，拖拉机在作物行间通行，因此必须根据作业要求，调整轮式拖拉机的轮距。

（2）工作幅的确定。为了保证中耕时不伤苗、不埋苗，中耕机组的工作幅宽和作业行数应与播种机组的工作幅宽和作业行度相同，或者后者是前者的整数倍。否则中耕机横跨播种时的接行工作质量差，会造成工作部件对不上行，产生严重伤苗情况。

（3）中耕机的安装。在中耕机主梁上划出中线、机轮和各工作部件的安装位置，相对应在地面上划出中线、苗行位置线和护苗带的宽度；将机架垫高，按确定的位置装上机轮，在机轮下垫厚度相当于中耕深度减去机轮工作中下陷到土壤中的深度（2~2.5cm）的木块；将各仿形机构安装到指定位置，并按排列要求将铲底或铧尖贴地安装到仿形机构的梁、臂上；调节工作部件使其保持合适的入土角。对具有辅助弹簧的仿形机构，应分别调节达到各组弹簧压力一致；反复升降工作部件，观察各工作部件是否降落在指定位置。然后还要经过田间作业条件的考核，符合要求后，才能正式投入作业。

（4）中耕机组的质量检查。在第一行程走过20~30m，即应停车检查以下中耕质量项目：中耕深度、各行耕深的一致性、锄草、伤苗及埋苗情况等。检查中耕深度时，可将已中耕地面弄平，将下尺插到沟底测量，偏差允许±1cm。伤苗率是统计一段苗行内的伤苗数及总苗数，求二者之比。

### 四、作业质量标准

参照标准《DB 21/T 1519-2016 中耕施肥机质量评价技术规范》，在土壤含水率为15%~25%，土壤硬度0.4~2.0MPa，中耕作业质量应符合表1-4的要求。

表1-4 中耕施肥性能标准

| 序 号 | 项 目 | 质量指标 |
|---|---|---|
| 1 | 各行耕深一致性变异系数 | ≤18.5% |
| 2 | 耕深稳定性变异系数 | ≤15.0% |
| 3 | 沟底浮土厚度 | 4.0~6.0cm |
| 4 | 碎土率 | ≥85% |
| 5 | 伤、埋苗率 | ≤5.0% |
| 6 | 入土行程 | ≤1.5m |
| 7 | 各行排肥量一致性变异系数 | ≤8.0% |

## 第六节 秸秆粉碎还田技术

### 一、技术内容

秸秆是农作物收获后留在田间的茎、叶，等副产物，是一种重要的可再生生物资源。我国每年农业生产会产生大量的秸秆农作物秸秆可用作肥料、饲料、燃料及工业原料，但大量的秸秆没有被利用。广大农民为赶农时，抢播种、图省事，往往就地焚烧秸秆，燃烧的秸秆产生大量二氧化碳、一氧化碳、二氧化硫、

氮氢化合物等有害气体，这不仅浪费了生物资源，还污染了环境，成为大气污染的一大隐患；同时长期以来、人们盲目的开荒种地，致使大自然的生态平衡遭到严重破坏，水土流失和风蚀加剧，造成耕地只用不养，有机肥逐年减少，质量变差，肥力下降。

我国农作物秸秆综合利用主要有5种途径：一是肥料化，施于田；二是饲料化，喂畜禽；三是能源化，燃烧或经气化、沼化集中供燃；四是基料化，制作菌棒；五是原料化，制作工业纸浆、新型建材板等。

其中，秸秆作为有机肥料还田，是目前秸秆肥料化最普遍的利用方式。还田利用方法有3种：机械化秸秆还田、秸秆堆沤还田和利用生化腐熟技术制造优质有机肥施于田。机械化秸秆还田是在机械化操作的基础上，在作物收获同时对秸秆进行粉碎，并铺撒在田地中，秸秆经翻埋后腐烂，从而达到增加土壤有机质的目的。目前我国大部分地区均采用这种方式处理秸秆，相关机械设备也十分完善。

秸秆还田对农田土壤具有益影响，可以改善土壤的物理性状，有机质、多糖类物质、碳酸钙等成分在土壤中的含量会对土壤结构的稳定性产生影响。利用秸秆还田的方式能够确保农田土壤的有机质得到显著提升，同时还会产生大量的五碳糖或六碳糖成分。这对于田间农作物的发育生长起着极高的有利作用，甚至高于直接施肥料的效果。秸秆还田还可以积储土壤的水分，在秸秆还田及秸秆翻压的实施过程中，对还田及机械深耕作业的同步开展，不仅可以存储大气降水，而且对地下水的蓄积也能够发挥显著作用。秸秆还田还可以提高土壤中有机质的含量，在对秸秆进行还田作业时，其周边区域内的微生物繁殖速度及数量显著提升。而微生物的繁殖使土壤内部的微生物层的活动加剧，运转速度也增强。这就使得秸秆中所富含的有机质养分能够更加充分及时地向土壤中释放。这样，不但能够对土壤结构进行改善、优化，也使养分、水分、肥料及大气之间的关系更为平衡，为形成良好的生态环境体系发挥功效。在夏季，气候高温炎热，秸秆还田后能够在更短的时间内腐烂。而腐烂的秸秆则能够变成各种养分，例如蛋白质、脂肪、氯化钾、氮素、五氧化二磷等。

秸秆粉碎还田机械化技术工艺路线一般为：作物收获（人工或机械收割）→秸秆粉碎还田机粉碎秸秆并抛撒→施肥（补充氮肥）→翻耕耙压。在不影响作物产量的前提下，要及早进行收获，适时对秸秆进行粉碎处理。秸秆的最适粉碎时期是颜色仍青绿、含水率在30%，此时的秸秆易被粉碎，且其中含有一定的水分、糖分，还田后易于腐烂分解，有利于增加土壤养分。利用秸秆粉碎还田机的粉碎装置将作物秸秆粉碎时，秸秆粉碎长度以玉米、高粱等作物秸秆不超过10cm，小麦、水稻等作物秸秆不超过15cm为宜，过长会造成土压不实而影响下茬作物出苗与生长。土壤微生物在分解秸秆时需要消耗氮素，会出现与作物争氮的现象。因此秸秆粉碎还田时要补施氮肥，以免下茬作物苗期缺氮。

小麦秸秆还田作业模式为：①联合收割机收获（割茬不高于25cm）—免耕播种夏玉米—喷洒除草剂；②联合收割机收获—同时配带麦秸茎秆机械粉碎抛撒装置—夏玉米免耕播种；③机械收获—免耕播种—人工覆盖麦秸。

玉米秸秆还田作业模式为：①玉米收获—机械直接切碎秸秆—补氮—机械耕整地—播种；②玉米收获（秸秆呈直立状）—深耕犁翻扣整株还田—补氮—播种；③玉米收获—人工将秸秆喂入切碎机具切碎—人工铺撒—补氮—耕整地—播种。

水田秸秆还田模式为：①联合收割机收获—秸秆击断粉碎排出机外—经风吹日晒灌水后，变得柔软腐烂—旋耕、滚压、翻耕—插秧；②联合收获—深翻、整株还田—整地—插秧。注意：水稻秸秆整株还田一般不适宜杂交稻，因杂交稻秸秆高而硬，腐烂慢，应采用切碎还田。

## 二、装备配套

秸秆粉碎还田机械有多种分类方式：①按主要工作部件粉碎刀的结构形式，可分为锤爪式、"Y"形甩刀式、直刀式和"L"形刀式等。②按工作部件的运动方式，可分为卧式和立式。按传动方式可分为单边传动和双边传动，齿轮、胶带和链条传动。③按配套动力，可分为与拖拉机配套和与联合收割机配套的。目前国内常用的机型是与拖拉机配套、采用单边胶带传动的卧式秸秆粉碎还田机。

目前，生产使用的秸秆粉碎覆盖机具有两种：一种是安装稻麦联合收获机秸秆抛撒出口的粉碎装置，C240谷物联合收割机，其原理是：粉碎装置内的动定刀，将从后仓直接进入的稻麦秸秆高速打击和剪切粉碎成碎段和纤维状，均匀抛撒到田间；另一种是利用拖拉机或者玉米联合收割机动力驱动高速旋转的粉碎刀，对秸秆进行粉碎还田的机具，工作原理是利用高速逆向旋转的粉碎刀对地上直立或铺放的秸秆从根部进行砍切，并在喂入口处负压的作用下将其吸入粉碎室，经过多次的砍切、打击、撕裂、揉搓后将秸秆粉碎成碎段和纤维状，最后被气流抛送出去，均匀抛撒到田间（图1-30，图1-31，图1-32）。

图 1-30　C240 谷物联合收割机

图 1-31　开元刀神 1JH-172 秸秆粉碎还田机

图 1-32　中联收获 4YZ-4A 自走式玉米收获机

## 三、操作规范

秸秆机械化粉碎还田技术应该注重以下操作要点：① 在农作物成熟以后，先对其进行机械化收获籽粒；② 将秸秆用机械进行粉碎，切成 5~15 cm 的小段，确保能够将处理之后的秸秆均匀的覆盖在农田表面；③ 对田地施加腐熟剂，2 kg/亩，用土或肥料拌匀，加快秸秆的腐化；④ 完成深度为 30 cm 的机械深耕，使农田表面的农作物秸秆能够被完全压进土层深部；⑤ 需要在秸秆压入土壤后，根据情况进行土壤的水分调节及增施氮肥调节。

小麦用联合收割机收获时，留茬高度控制在 150mm 以内，联合收割机安装秸秆切碎还田机，切碎秸秆均匀抛撒在田间。小麦秸秆粉碎质量越短越好，长度 150mm 以下的秸秆不小于 90%。

玉米秸秆机作业时，在不影响作物产量和品质情况下，应及早带皮摘穗或收获。尽可能用直接收获方式，割倒后摘穗秸秆粉碎效果差，不易腐烂。摘穗后的秸秆要及时粉碎还田，间隔时间一般不超过一天。

对后置式秸秆粉碎机，拖拉机轮胎避免直接轧在种植行上，以拖拉机轮胎不轧或少轧作物秸秆为宜。

## 四、作业质量标准

根据中华人民共和国农业行业标准《NY/T 500—2002 秸秆还田机作业质量》，麦类秸秆含水率为 15%~25%，玉米秸秆含水率为 20%~30% 时，进行秸秆粉碎还田作业时，应满足以下质量要求。

（1）麦类秸秆切碎长度 ≤ 150mm，玉米秸秆切碎长度 ≤ 100mm。

（2）玉米秸秆切碎宽度 ≤ 10mm。

（3）切碎长度合格率 ≥ 90%。

（4）残茬高度 ≤ 80mm（麦茬地夏玉米免耕播种时 ≤ 150mm）。

（5）抛撒不均匀率 ≤ 20%。

（6）漏切率 ≤ 1.5%。

（7）作业后田间状况应达到秸秆切碎后无软、散，无圆柱和硬节段，抛撒均匀，不得有堆积。

# 第二章 灌溉机械化技术

## 第一节 喷灌技术

### (一) 技术内容

喷灌技术是利用管道和压力喷洒器将水流分散成细小水滴,均匀地喷洒到田间,对作物进行灌溉。它作为一种先进的机械化、半机械化灌水方式,在很多发达国家已被广泛采用。喷灌技术的主要优点如下:①节水效果显著,水的利用率可达80%。一般情况下,喷灌与地面灌溉相比,$1m^3$ 水可以当 $2m^3$ 水用;②作物增产幅度大,一般可达20%~40%。其原因是取消了农渠、毛渠、田间灌水沟及畦埂,增加了15%~20%的播种面积,且灌水均匀,土壤不板结,有利于抢季节、保全苗,有效改善了田间小气候和农业生态环境;③大大减少了田间渠系建设及管理维护和平整土地等工作量;④减少了农民用于灌溉的费用和投入,相应减少了农民支出;⑤有利于加快实现农业机械化、产业化、现代化;⑥避免由于过量灌溉造成的土壤次生盐碱化。

### (二) 装备配套

**1. 中心支轴式喷灌机**

中心支轴式喷灌机又称指针式喷灌机,是将喷灌机的转动支轴固定在灌溉面积的中心,固定在钢筋混凝土支座上,支轴座中心下端与井泵出水管或压力管相连,上端通过旋转机构(集电环)与旋转弯管连接,通过桁架上的喷洒系统向作物喷水的一种节水增产灌溉机械。组成结构包括:中心支轴轴座、喷灌机喷洒系统、喷灌机桁架、喷灌机塔车、喷灌机轮胎及驱动装置等（图2-1，图2-2）。

图2-1　中心支轴式喷灌机（1）

图2-2　中心支轴式喷灌机（2）

中心支轴式喷灌机适用条件如下。

（1）土地开阔连片、田间障碍物少。

（2）使用管理者技术水平较高。

（3）灌溉对象为大田作物、牧草等。

（4）集约化经营程度相对较高。

（5）水源水量应有保障。水源水质应符合 GB 5084 的规定，当水中的杂质影响喷灌机正常工作时，应采取沉淀或过滤措施。

（6）地块的地面坡度不宜大于 15°。

（7）当风速大于 5.4m/s 时，喷灌机不宜进行喷灌作业。

（8）确定喷灌机有效长度时，在经济技术分析的基础上，宜综合考虑下列因素。

——中心支座固定型喷灌机的有效长度不小于 200m。

——对于常用的桁架输水管采用 GB/T 21835—2008 表 1 中规定的外径为 168.3mm（或 165mm）普通焊接钢管的喷灌机，喷灌机有效长度不大于 450m。

——当喷灌机有效长度大于 450m 时，靠近中心支座处的若干跨桁架输水管采用不小于 GB/T 21835—2008 表 1 中规定的外径为 193.7mm 的普通焊接钢管。

**2. 平移式喷灌机**

平移式喷灌机外形和中心支轴式喷灌机很相似，同样是由十几个塔架支承一根很长的喷洒支管，一边行走、一边喷洒。但它的运动方式和中心支轴式不同，中心支轴式的支管是转动，而平移式的支管是横向平移。结构和中心支轴式喷灌机基本一样，区别在于首端有动力车带动横向移动，造价比中心支轴式稍高（图 2-3，图 2-4）。

图 2-3　平移式喷灌机（1）

图 2-4 平移式喷灌机（2）

平移式喷灌机适用条件如下。

（1）土地开阔连片、田间障碍物少。

（2）使用管理者技术水平较高。

（3）灌溉对象为大田作物、牧草等。

（4）集约化经营程度相对较高。

（5）水源水量应有保障。水源水质应符合 GB 5084 的规定，当水中的杂质影响喷灌机正常工作时，应采取沉淀或过滤措施。

（6）地块的地面坡度不宜大于 15°。

（7）当风速大于 5.4m/s 时，喷灌机不宜进行喷灌作业。

平移式喷灌机与中心支轴式喷灌机的优点如下。

（1）节省水量、经济施肥、调节地面气候。

（2）接近自然降雨的方式，可避免土地盐碱化问题。

（3）与地面灌溉相比，大田作物喷灌一般可省水 20%~30%，增产 10%~30%。

（4）使农田灌溉从传统的人工作业变成半机械化、机械化，甚至自动化作业，加快了农业现代化的进程。

平移式喷灌机与中心支轴式喷灌机相比较有以下缺点。

平移式喷灌机的缺点主要是喷洒时整机只能沿垂直支管方向作直线移动，而不能沿纵向移动，相邻塔架间也不能转动。为此，平移式喷灌机在运行中必须有导向设备。另外，平移式喷灌机取水的中心塔架是在不断移动的，因而取水点的位置也在不断变化，一般采用的方法是明渠取水和拖移的软管供水。

**3. 滚移式喷灌机**

滚移式喷灌机也称滚轮式喷灌机，是通过安装在每节喷灌支管上的大滚轮（直径1~2m）进行定点喷灌。该机的特点是结构简单，便于操作，沿着耕作方向作业，与排水、林带结合较好，在不同水源条件下都适用，爬坡能力较强，但自动化程度低，需要人工调整滚轮位置，而且灌溉不均匀。

要求水源要有足够的供水能力以便于满足喷灌机的工作流量要求，当水质固体颗粒较多时，应安装过滤装置。使用滚移式喷灌机的地面坡度不应大于10°。风速过大和气温低于0℃时不应使用喷灌机喷洒作业。滚移式喷灌机适合用于大面积喷灌，要求有丰富的水源，而且只能对大豆、小麦、玉米前期（株高在75cm以下）、蔬菜等矮株作物喷灌（图2-5，图2-6）。

滚移式喷灌机较指针式和平移式喷灌机的投资要小，但是灌溉作物和对地势的适应性不如指针式和平移式喷灌机。管理上比指针式和平移式喷灌机烦琐，特别是在冬天不使用时，需要拆卸，放在大田的安全性也不如指针式和平移式喷灌机高。

图2-5　滚移式喷灌机（1）

图 2-6　滚移式喷灌机（2）

### 4. 绞盘式喷灌机

绞盘式喷灌机又称为卷盘式喷灌机或卷筒式喷灌机，是指用软管输水，在喷洒作业时利用喷灌压力水驱动卷盘旋转，卷盘上缠绕软管（或钢索），牵引远射程喷头，使其沿管（线）自行移动和喷洒的喷灌机械。其主要有两种基本类型：钢索牵引绞盘式喷灌机和软管牵引绞盘式喷灌机。该机的特点是结构简单，操作简便，机动性和喷灌质量都较好。一个中型绞盘式喷灌机价格在 10 万~50 万元不等，中小型卷盘式喷灌机在 5 万~15 万元不等，主要根据卷盘长度、控制面积和自动化控制程度决定价格（图 2-7，图 2-8）。

绞盘式喷灌机主要用于广阔的平原、丘陵、沙地和牧场。能灌溉五谷、豆类、甘蔗、烟草、马铃薯、蔬菜和果林等作物，尤其是劳力较缺乏的家庭农场、大中型农场更为适宜，并能实现牧业基地的粪水灌溉，此外还可用于园林、运动场草坪和矿山、码头的除尘。

绞盘式喷灌机的喷头车在喷洒过程中能自走、自停，管理简便，操作容易，省工（基本上一人可管理一台），劳动强度较低。该型喷灌机结构紧凑，成本较低。材料消耗较少，田间工程量少。机动性好，供水可用压力干管，也可用抽水机组。适应性强，不受地块中障碍物限制。

图 2-7　绞盘式喷灌机（1）

图 2-8　绞盘式喷灌机（2）

### 5. 固定式喷灌系统

固定式喷灌系统是除喷头外，喷灌系统的各组成部分均固定不动，各级管道埋入地下，支管上设有竖管，根据轮灌计划，喷头轮流安设在竖管上进行喷洒灌溉。固定式喷灌系统操作使用方便，易于维修管理，生产效率高，并且便于实行自动化控制。但其设备利用率较低、耗材多、投资大，不利于农业机械化耕作。

固定式喷灌系统管道埋在地下，喷灌管竖于地上，易影响耕作，导致田间耕作成本提高。一次性投资高，应优先考虑经济作物、园林绿地及蔬菜、果树、花卉等高附加值的作物，适用于灌溉水源缺乏的地区、高扬程提水灌区、受土壤或地形限制难以实施地面灌溉的地区和有自压喷灌条件的地区，集中连片作物种植区及技术水平较高的地区（图2-9）。

图2-9 固定式喷灌系统

### 6. 移动式喷灌系统

移动式喷灌系统指喷灌系统的各个部分、水泵、动力机及各级管道直至喷头都可以拆卸移动，这些设备在一个灌溉季节里可以在不同的地块轮流使用。这种喷灌系统设备利用率高、管材用量少、投资小。但是由于机泵、管道等设备的拆装、搬移，劳动强度较大，生产效率较低，有时还易损伤作物。

移动式喷灌系统操作相对麻烦，人员需要经过简单培训并且是强劳力方能熟练操作。其主要适用于大田作物的喷灌，但在高秆密植作物种植区以及在土质黏重或地形复杂的情况下，将给设备的拆装移动带来困难（图2-10）。

图2-10　移动式喷灌系统

### 7. 半固定式喷灌系统

半固定式喷灌系统是泵站和干管固定不动，支管和喷头可以移动。这种喷灌系统设备利用率较高，管材用量较少，运行操作也较方便，是国内外应用较广泛的一种喷灌系统（图2-11）。

图2-11　半固定式喷灌系统

## （三）操作规范

### 1. 可移动喷灌机组（中心轴式、平移式）

（1）每次开机前要进行设备检查。首先查看电线是否存在漏电、老化等问题，检查控制柜是否正常，查看轮胎是否存在漏气胎压低等现象，检查水泵电机等。

（2）检查没有问题后，先开水泵，待喷头出水，达到正常工作压力后，检查喷头是否存在不喷水或者喷洒幅度明显比周围机器偏小等现象，如有应及时检查并排除问题。

（3）达到工作压力后启动行走模式，行走的速率通过百分盘来调整，可以根据作物的旱情及其制定的灌溉所需水量、灌溉时间等进行灌溉。

（4）灌溉过程中，需有工作人员定时查看工作状态，如发现问题，应及时停机维修。

（5）灌溉完成后应先关闭行走模式，再关闭水泵。在北方地区，如冬天存在结冰现象，应及时把水泵及管道的水排空，以免冻裂设备。

（6）灌溉完成后要及时锁住控制柜，避免造成意外。

设备需要定期进行检修。检查线路是否老化，是否存在表层线损坏漏电等危险。检查轮胎是否有跑气、漏气现象，胎压是否正常。出现其他不易解决的问题应及时联系设备厂家或专业机构检修。

### 2. 滚移式喷灌机

（1）机组连接完毕，检查无误后打开控制开关。

（2）在一个位置喷洒一段时间，达到灌水定额后，关闭干管上的给水栓，将引水软管与给水栓脱开。

（3）输水支管里的水通过自动泄水阀和快速接头密封胶圈排泄干净。

（4）操作人员启动发动机，操纵驱动车把整条支管向前滚移18~20m。

（5）将引水软管与该位置的给水栓相连，开启给水栓，开始第二个位置定点喷洒。如此循环直到完成一个灌溉周期。

（6）由于滚移式喷灌机作业高度有限，因此不能灌溉高秆作物，而且要保证地面无树木、线路和其他障碍物。

（7）滚移式喷灌机对地形和水源的要求较高，要求地形较平坦，水源要丰富。

（8）进水管路安装要特别注意，防止漏气。滤网应完全淹没在水中，其深度

在 0.3m 左右，并与池底、池壁保持一定距离，防止吸入空气和泥砂等杂质。

（9）水泵运行中若出现不正常现象（杂音、振动、水量下降等），应立即停机。使用过程中需注意轴承温升，其温度不可超过 75℃。

（10）应尽量避免使用泥砂含量过高的水源进行喷灌，否则容易磨损水泵叶轮和喷头的喷嘴。

（11）机组长时间停止使用时，必须将泵体内的存水放掉，拆检水泵、喷头，擦净水渍，涂油装配，将进、出口的机件包好，停放在干燥的地方保存。管道应洗净晒干（软管卷成盘状），放置在阴凉干燥处。切勿将上述机件存放在有酸碱腐蚀和高温的地方。

驱动车应按说明书定期进行保养。喷灌结束后，应用制动杆双向支撑固定，当风速大于 5.4m/s 时，应另加固定措施。冬季存放或长期不用时，应按照使用说明书要求拆卸、保养、存放。

### 3. 绞盘式喷灌机

（1）要先请专业技术人员做好田间运行规划设计与机型、规格尺寸和配套设备的选择。

（2）把喷灌机组运到田间位置时要按照说明书做一系列的检验。第一次操作机组之前应仔细阅读使用说明书。

（3）将喷灌机组安置好后，就可以将机组与压力管道上的给水栓或移动泵站的水泵出水口连接，启动水泵供水。

（4）当软管中的空气通过喷头喷嘴排出后，水压达到预定的工作压力值，就将变速杆拉到回卷软管的位置。绞盘转动，开始边回卷软管、边喷洒作业。

（5）用拖拉机输出轴收卷软管时，必须要确认变速杆的正确位置。

（6）当机组收卷软管时，不要靠近各运动部件。

（7）若在高压电线附近喷洒作业，应保持安全距离，更不要将水束喷洒到马路上。

（8）机组在公路被拖移的速度应不超过 10km/h，田间拖移速度应不超过 5km/h。

灌溉结束或冬季到来时，都应对机组进行彻底的检查、清洗和打黄油，做好日常保养和冬季存放工作。

### 4. 固定式喷灌系统

（1）固定式喷灌系统使用起来比较简便，系统安装完毕后，需要灌水时只需先打开喷灌区域控制阀门，启动水泵即可。按照轮灌组的划分，灌完一个轮圈区后，停泵，关阀门，然后把喷头换到下一个轮圈区，再打开阀门，开泵。如此循环直到灌完整个区域。

（2）管道铺设时要安装在冻土层以下，防止管道冻裂。

（3）水源的水要经过过滤，尤其是含沙量较大的水源，以防磨损、堵塞喷头。

（4）在非灌溉季节一般应放空管道，以便于冬季防冻，并防止水长期滞留在管道中产生微生物，附着在管壁和喷头上影响喷灌效果。

### 5. 移动式喷灌系统

（1）移动式喷灌系统使用起来相对烦琐一些，系统安装完毕后，需要灌水时先打开喷灌区域控制阀门，启动水泵，然后打开需要运行的支管给水栓，水便从三通管进入支管，由支管再进入竖管和喷头。按照轮灌组的划分，灌完一个轮圈区后，停泵，关阀门，然后把系统换到下一个轮圈区，再打开阀门，开泵。如此循环直到灌完整个区域。

（2）水源的水要经过过滤，尤其是含沙量较大的水源，以防磨损、堵塞喷头。

（3）操作时要严格遵循开阀门、开泵、停泵、关阀门的操作顺序。

（4）整个灌溉季节结束后，要对设备进行保养后才能入库。胶封圈需拆下洗净，阴干，涂上滑石粉。

（5）设备入库要置于远离石油制品的干燥通风处，管道和管件要单独存放，不要有枕木，码放的高度不能超过 1m，上面不准堆放重物，管道和管件不能和含酸碱性的物质一起堆放。

### 6. 半固定喷灌系统

（1）半固定式喷灌系统使用起来比较方便，系统安装完毕后，需要灌水时，先把一条支管的首端阀门打开，微启干管首端阀门，开泵，在水泵运转正常时缓缓打开干管首端闸阀直至完全打开。

（2）打开泵站的放气阀门，直至管中的气体全部排出再关闭阀门。排气完毕，装上压力表，待喷洒正常后进行测压，看其是否达到设定压力。

（3）工作支管喷洒完毕，在停止喷洒前应先将备用支管的阀门打开，然后再关闭已工作完毕的支管阀门。然后按计划顺序移动支管位置，轮流喷洒，直至灌完整个区域。喷灌工作结束，仍需缓慢关闭首端闸阀再停泵。

（4）管道铺设时要安装在冻土层以下，防止管道冻裂。

（5）水源的水要经过过滤，尤其是含沙量较大的水源，以防磨损、堵塞喷头。

（6）在非灌溉季节一般应放空管道，以便于冬季防冻，并能防止水长期滞留在管道中产生微生物，附着在管壁和喷头上影响喷灌效果。

（7）支管拆移时，管要平行于地面，严禁垂直移动，防止碰到高压线发生触电事故。要边拆边装，防止脏物进入管内，绝对禁止两根以上的管子同时搬迁。支管搬运过程中要轻拿轻放，保护好管道设备，并修好或换掉损坏的配件。

## 第二节　滴灌技术

### （一）技术内容

滴灌是利用塑料管道将水通过直径约 10mm 毛管上的孔口或滴头送到作物根部进行局部灌溉。它是目前干旱缺水地区最有效的一种节水灌溉方式，其水的利用率可达 95%。滴灌较喷灌具有更高的节水增产效果，同时可以结合施肥，提高肥效一倍以上。可适用于果树、蔬菜、经济作物以及温室大棚灌溉，在干旱缺水的地方也可用于大田作物灌溉。其不足之处在于滴头易结垢和堵塞，因此应对水源进行严格的过滤处理。

### （二）装备配套

#### 1. 固定滴灌系统

固定滴灌系统是将灌溉水进行加压、过滤，必要时连同可溶性化肥或农药一起，通过有压管道系统输送至滴头，以点滴的方式，均匀而缓慢地滴入作物根区土壤中，以满足栽培作物对水分的吸收和利用的一种灌溉方法。

固定滴灌系统是由水源工程、首部枢纽、输配水管道和灌水器组成，滴灌带铺设后固定不动，设备平均投资 800~2 000 元/亩。

（1）首部枢纽：包括水泵（及动力机）、施肥罐、过滤器、控制与测量仪表等。其作用是抽水、施肥、过滤，以一定的压力将一定数量的水送入干管。

（2）管路：包括干管、支管、毛管以及必要的调节设备（如压力表、闸阀、流量调节器 等）。其作用是将加压水均匀地输送到灌水器（滴头）。

（3）灌水器：其作用是使水流经过微小的孔道，形成能量损失，减小其压力，使它以点滴的方式滴入土壤中。滴头通常放在土壤表面，亦可以浅埋保护。

固定滴灌系统的设备配套性强、整体性好，适用于一家一户普通老百姓、规模化农场和庄园的个体经营者等应用操作水平，方便用于对任何土壤、任何地形和非密植的任何作物，如果树、蔬菜、棉花、大豆、玉米等作物的应用，尤其在干旱的丘陵山区效果显著（图2-12）。

图2-12　滴灌系统

#### 2. 移动滴灌设备

移动滴灌设备是把滴灌系统的首部、输配水管网和灌水器等配套产品、安装组合模式和应用模式等进行优化配置、高度集成，具有快速装配与拆卸功能，是一种能够提高设备重复利用率、方便实施移动操作、降低投资成本的灌溉方式。

移动滴灌设备整体方便可移动，操作简单、灵活，省工、省时，设备重复利用率高，具有投资成本低、灌溉效果好、设备集成度高、操作简单和应用灵活等明显优势，较适合在我国广大农村用户，特别是缺水山丘区的农村各用户家庭和农场承包户应用。主要用于对小宽行矮秆类（如瓜、薯、菜等）和大宽行高秆类（如梨树、柑橘树等）作物的长期灌溉和季节性应急抗旱灌溉，灌溉质量高、节水效果明显，尤其在干旱缺水的山丘区使用效果更明显（图2-13）。

图2-13　移动滴灌设备

### （三）操作规范

#### 1. 固定滴灌系统

（1）根据投资、灌溉对象等不同，选择好滴灌系统类型。

（2）正确安装全套滴灌系统的配套设备。

（3）灌溉系统的干管、支管和毛管三级管道一般埋在地表60cm以下。

（4）滴灌系统布设主要是根据作物的种类进行合理布置。

（5）滴头及管道布设时，干、支、毛三级管最好相互垂直，毛管应与作物种植方向一致。山区丘陵地区，干管与等高线平行布置，毛管与支管垂直。

（6）滴头容易堵塞，对水质要求较高，所以必须安装过滤器。

（7）灌溉系统运行停止后，应打开泄水阀，以排除管网中的余水。

**2. 可移动滴灌设备**

（1）检查装置各部件的状况，包括过滤器、管道、灌水器等，确认完好后，再进行部件的安装。

（2）将水池清扫干净，放满水待用，并且在放水口安装过滤器、空气阀等设备。

（3）铺设干管、支管，干管沿田间小路布置，支管则应垂直干管或作物的行向布置，干管、支管长度可根据地形情况靠增减管段数量来调节使用。

（4）沿行向布置、铺设毛管，安装灌水器，并插放滴水器在作物根区土层。

（5）将毛管插接在支管上，打开总阀门，实施首轮滴灌，全部毛管分组循环移动，采用流水作业，用时间控制灌水量和轮灌周期。

（6）毛管在一个位置灌溉结束时，关闭总阀门，拆分首端插口，1人取灌水器，1人盘卷，然后放在下一个灌溉位置，并装上灌水器待用。

（7）支管移动前需将上述毛管全部拆下，从支管首端快速接头处拆开，由尾端向首端盘卷，盘卷时排出管道内水。

（8）干管移动前需关闭总阀门，排出管道内余水，然后重新安放。

（9）灌水器移动频率与毛管相同，一般情况流量调节器固定在毛管上随毛管移动，地下滴水器则拆开单独移动，当移动距离小，地下滴水器可随毛管一起移动。

（10）每次收工之前应关闭进水控制阀，以便排空管道中的水分，方便管网中各级管路的移动。

（11）注意清洁，防止堵塞，管道、灌水器移动过程中，一定要注意保护，另外每年第一次灌水前应对滴水器进行检查、更换，灌水前还需对管道和水池进行冲洗。

（12）小心移动、运输和装卸，减轻损坏。

（13）精心保管、定时维护，装置灌完一次水并及时清洗后，收回仓库保管，保管时应避免高温、寒冷、风吹、日晒和鼠类咬破等。

（14）过滤器是防止堵塞的重要设备，定时清洗过滤器及滤芯。

## 第三节　其他微灌技术

### （一）技术内容

微灌是利用微灌系统将作物生长所需的水分和各种养分输送分配到田间，通过灌水器以微小的流量湿润作物根系附近土壤的一种局部灌水技术。微灌可分为滴灌、微喷灌和渗灌、涌泉灌等。

#### 1. 微喷技术

微喷又称雾滴喷灌，是近几年来，国内外在总结喷灌与滴灌的基础上，新近研制和发展起来的一种先进灌溉技术。微喷技术比喷灌更为省水，由于雾滴细小，其适应性比喷灌更大，农作物从苗期到成长收获期全过程都适用。它利用低压水泵和管道系统输水，在低压水的作用下，通过特别设计的微型雾化喷头，把水喷射到空中，并散成细小雾滴，洒在作物枝叶上或树冠下地面的一种灌水方式，简称为微喷。微喷既可增加土壤水分，又可提高空气湿度，起到调节小气候的作用。它比一般喷灌更省水，可增产30%以上，能改善田间小气候，可结合施用化肥，提高肥效。主要应用于果树、经济作物、花卉、草坪、温室大棚等灌溉。

#### 2. 痕量灌溉技术

2013年2月26日，华中科技大学对外发布消息，学校痕量灌溉研究中心历时10多年研发出"痕量灌溉"技术，一举打破农作物"被动式补水"传统灌溉模式，改由农作物自主吸水、按需吸水。"痕灌"是受化学上微量元素与痕量元素概念启发而取名，主要指能在超微流量向作物长久供水，痕灌单位时间的出水量可达到滴灌的百分之一到千分之一。痕灌技术的核心节水部件是痕灌控水头，由具有良好导水性能的毛细管束和具有过滤功能的痕灌膜组成，控水头埋在作物根系附近，毛细管束一端与充满水的管道相连，另一端与土壤的毛细管相连，感知土壤水势的变化。作物吸水导致根系周围的水势降低，即发出需水信号，控水头内的水不断以毛细管水的形式流向根系周围，直至作物停止吸水；控水头内的痕灌膜可防止毛细管束因杂质而堵塞，保证系统长期稳定工作。多年田间试验表明，痕灌比滴灌节水 50% 左右，即使在滴灌无法使用的地区也可推广应用，应用前景广阔。

### 3. 小管出流灌溉

小管出流灌溉又称涌泉灌，是利用 4mm 的小塑料管与毛管连接作为灌水器，并辅以田间渗水沟，以细流（射流）状局部湿润作物附近土壤，其特点是出流孔口较大，不易被堵塞。由于也是一种局部灌溉技术，只湿润渗水沟两侧作物根系活动层的部分土壤，水的利用率高，而且是管网输配水，没有输渗漏损失，比地面灌溉节约用水 60% 以上。

小管出流节水灌溉系统一般有以下组成部分组成：①动力机械：从水源提取水进入主管网。②首部系统：包括控制系统、施肥系统、过滤系统。③主管网：输水主管，一般由 PE 管材和 PE 管件组成。④灌水器：由紊流器及毛管组成（图 2-14，图 2-15）。

图 2-14 小管出流灌溉

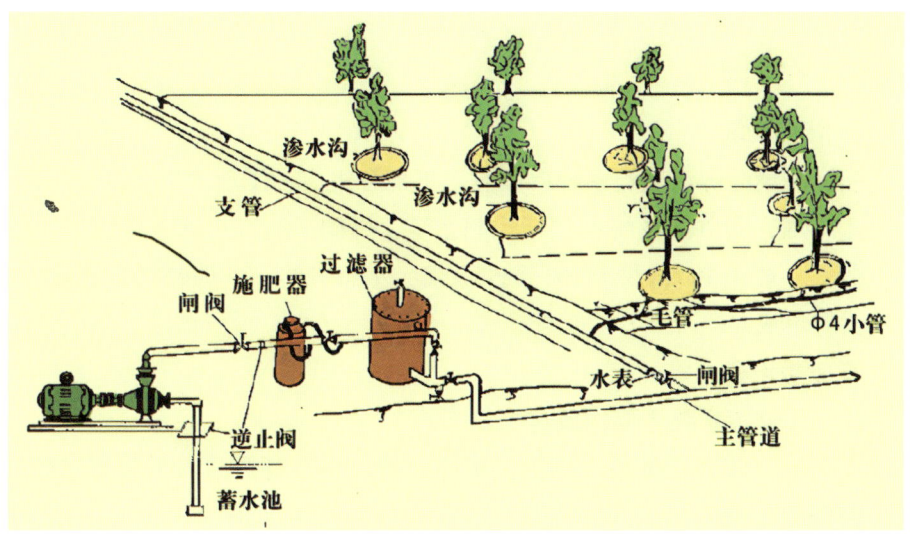

图 2-15 小管出流灌溉示意

### 4. 雾喷灌溉

雾喷又称为弥雾灌溉,也是用微喷头喷水,只是工作压力较高(可达 200~400kPa),从微喷头喷出的水滴极细而形成水雾,在增加湿度方面有明显效果(图 2-16)。

图 2-16 雾喷灌

## （二）装备配套

### 1. 渗灌类设备

滴灌、涌泉灌等渗灌类系统一般有以下部分组成：①动力机械：从水源提取水进入主管网。②首部系统：包括控制系统、施肥系统、过滤系统。③主管网：输水主管，一般由 PE 管材和 PE 管件组成。④灌水器：一般包括由紊流器及毛管、滴头等组成。

### 2. 微喷类设备

微喷、雾喷等系统主要构成包括如下。

（1）水源：江河、渠道、湖泊、水库、井、泉等符合微灌水质要求的水源，均可作为微灌水源。

（2）首部枢纽：包括水泵、动力机、肥料和化学药品注入设备、过滤设备、控制阀、进排气阀、压力流量测仪表等。其作用是将水源水增压、处理后配送到微灌系统。

（3）管网：其作用是将压力水输送并分配到所需灌溉的种植区域。由不同管径的管道组成，分干管、支管、毛管等，通过各种相应的管件、阀门等设备将各级管道连接成完整的管网系统。现代灌溉系统的管网多采用施工方便、水力学性能良好且不会锈蚀的塑料管道，如 PVC 管、PE 管等。同时，应根据需要在管网中安装必要的安全装置，如进排气阀、限压阀、泄水阀等。

（4）喷头：喷头用于将水分散成水滴，如同降雨一般比较均匀地喷洒在种植区域。在大棚中多采用倒挂微喷系统，一般由微喷直通、微喷毛管、防滴器、微喷头、重锤组成；大田、果园一般采用地插微喷系统，一般由微喷直通、微喷毛管、微喷头、插杆组成。

## （三）操作规范

### 1. 小管出流系统

（1）在系统首部安装 60~80 目的筛网式过滤器，干、支、毛管和小管采用 PE 塑料管，均埋于地表以下，小管在渗沟内露出 10~15cm。

（2）果树施肥时，可将化肥液注入管道内随灌溉水进入作物根区土壤中，也可把肥料均匀地撒于渗沟内溶解，随水进入土壤。特别是施有机肥时，可将各种有机肥理入渗水沟下的土壤中。

（3）对于高大的果树通常围绕树干或顺树行挖修一条渗水的小沟。绕树环沟，沟的直径约为树冠直径的 2/3；顺树行沟则用于密植果树，或葡萄园、蔬菜等，一般每隔 2~3m 用土埂隔开，故又称为顺行隔沟。渗水沟的作用是把灌水器流出的水均匀分散地入渗到果树周围的土壤中。

（4）小管灌水器流量不要太大，一般控制在 80~250L/h 为宜。

（5）毛管直径与允许最大长度要满足一定的灌水均匀度。

（6）渗水沟，横断面需呈梯形，沟底宽 b = 10~15cm，深度 h=12~15cm。

（7）对于需水较大的果树，可以在每株树下插两个或多个小管灌水器。

**2. 微喷灌及雾喷系统**

（1）微喷灌系统虽不易发生堵塞，但也必须对灌溉水进行过滤后才能使用。

（2）微喷头的选用要参考作物种类、种植间距和土壤质地等，使用微喷灌系统的灌水强度不得大于土壤入渗能力，避免造成地面积水。根据蔬菜作物大小和不同土壤的保水情况进行微喷，一般在绿叶菜上应用多，茄果瓜豆类上应用少。

（3）干旱时，蔬菜作物需水量大，则开机时间可长些，一般沟里水流淌时就可停机。一般开机时间为 1h，每隔 5~7d 喷灌一次，冬季开机时间和次数明显少于夏秋季。

（4）当种植作物为密植作物时，喷头应选择正方形、矩形、正三角形和等腰三角形等组合方式之一。因有全圆喷洒、扇形喷洒、带状喷洒等多种形式，在保护地中，除了微喷头的喷洒半径必须小于保护地的尺寸这一要求外，在保护设施边界处应选择扇形喷洒，而中间部位可选择全圆喷洒方式。

# 第四节  水肥一体化技术

## （一）技术内容

把肥料直接注入灌溉水中进行施肥的方法称为灌溉施肥，灌溉施肥在我国称为水肥一体化。与传统施肥相比，水肥一体化技术具有提质增效、降低劳动强度、改善农业环境等优点。

水肥一体化技术是一项以节水灌溉系统为基础，配之以施肥设施，将灌溉与施肥融为一体，实现水肥耦合的农业新技术。是将可溶性固体或液体肥料配对成肥液与灌溉水一起，按土壤水分和养分含量、作物的需水需肥规律，通过管道和灌水器，均匀、定时、定量供给作物利用的过程。

水肥一体化的灌溉类型有滴灌（通常指地面滴灌）、微喷灌、喷灌、地下滴灌及渗灌等。目前应用较多的是滴灌系统和微喷灌系统，使用者可根据不同的作物来选择系统类型。滴灌系统适用于株行距明显、密度不高的作物，以及怕湿、易发生病害的作物，如茄果类作物、瓜类作物等。微喷灌系统适用于株行距不明显或较密的作物，如棚栽叶菜类蔬菜、葱、姜、蒜等，以及不易发生病害的作物，微喷灌不但可以进行灌溉施肥，而且还可以起到降温加湿、调节温棚小气候的作用，能获得更好的效果。

在温室大棚中由于栽培的作物品种较多，经常换茬，如果同时安装滴灌系统与微喷灌系统，使用会更方便，且可以根据不同季节应用不同系统，低温季节或适宜滴灌的作物用滴灌系统，高温干燥季节或适宜微喷灌溉的作物应用微喷系统。

## （二）装备配套

### 1. 压差式施肥罐

压差式施肥罐是通过灌溉水在罐中过流，将罐中肥料溶解稀释带进灌溉管道的施肥设备。体积较大的金属施肥罐可以安装在首部，体积较小的塑料施肥罐可以安装在田头。施肥前先灌水20~30min，将溶解好的肥料母液过滤后倒入施肥罐，罐内注满水后，调节压差保持正常施肥速度，灌至肥料施完，再添肥料（图2-17）。

图2-17　压差式施肥罐

### 2. 文丘里施肥器

文丘里施肥器是一种通过施肥器流道管径变化产生负压吸肥的设备。文丘里施肥器与主管上的阀门并联安装，将肥料母液过滤后倒入一容器中，将文丘里施肥器吸头包上过滤网，放入肥液中，不要触到容器底部，灌水 30 min 后，打开吸管上阀门并调节主管上的阀门，调节进、出口压差，使吸管能够均匀稳定的吸取肥液。施肥完毕后，继续灌溉 20min。文丘里施肥器应选择性能好，水头损失小的品牌，使用时应保证压差，安装使用过程中避免漏气。文丘里施肥器一般安装在棚头或田头，可以实现独立施肥（图 2-18）。

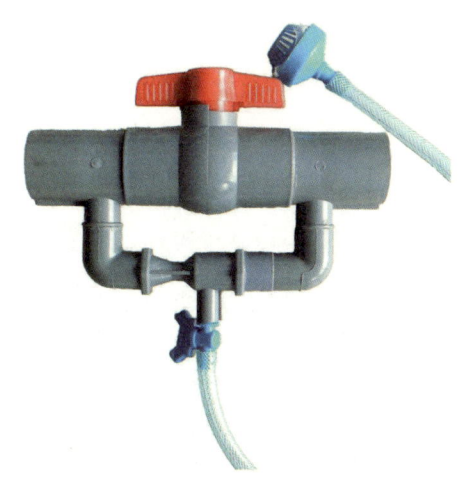

图 2-18　文丘里施肥器

### 3. 精准施肥机

随着设施农业无土栽培技术的发展，对少量多次的灌溉施肥管理方式和混肥精度要求越来越高，常规的吸肥装置较难满足应用要求，需要自动化和智能化程度较高的精准施肥机进行水肥过程的调控。尤其在对养分浓度有严格要求的花卉、优质蔬菜等的温室栽培中，应用施肥机不仅能按恒定浓度施肥，同时吸取几种营养母液，按一定比例配成完全营养液，还可监测营养液的电导率和 pH 值，实现精确施肥。

精准施肥机特点是：浓度、流量控制精确。缺点是：成本高，对操作人员要求高。适用于高附加值的温室花卉与蔬菜等场合。对于精准施肥机，国外的发展相对较早，且一直处于行业领先地位。尤以荷兰、以色列等温室工程、现代农业发展较为先进的国家为首。国内施肥机则以北京、上海、天津、江浙等地的科研院所和企业为主，在本土化的过程中，将施肥机操作界面中文化，同时更符合国内用户操作习惯；对一些控制程度要求不高的系统，进行系统和操作简化，降低成本的同时增加可操作性。目前，我国自主开发了一系列精准施肥机，如北京农业信息技术研究中心基于 Geen-AM 可编程控制器研发的肥能达施肥装备，通过一组文丘里注肥器直接、准确地把肥料液按照用户的施肥要求按比例注入到灌溉系统中，在 5~5 000 亩的灌溉区域内能够完成大量的和多种肥料的配比施肥任务；中国农业机械化研究院研制的 2000 型温室自动灌溉施肥系统，以及天津市水利科学研究所研制的 FIGS-I 和 FICS-2 型滴灌施肥智能化控制系统，可实现温室花卉、蔬菜灌溉施肥的自动化，实现养分浓度的精确调节，系统总体达到国外先进水平，对我国水肥一体化设备开发及推广发挥了积极的作用（图 2-19）。

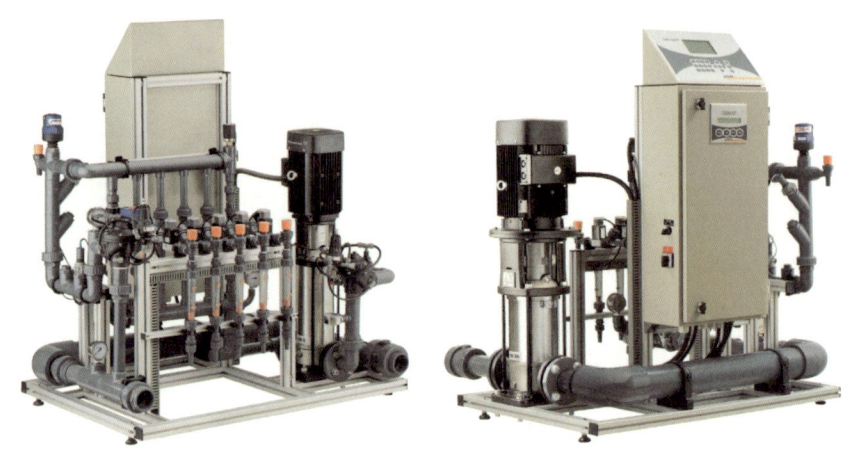

图 2-19　精准施肥机

### （三）操作规范

**精准施肥机操作规范**

（1）设备安装。施肥机应安装在机井首部，过滤器后面，进水管在上游，注肥管在下游，液肥罐和施肥机尽量靠近首部，以免阻力增大，造成施肥效率下降等故障发生。

（2）肥料选择。肥料要求常温下能够具有以下特点：高度可溶性、养分含量高、杂质含量低、溶解速度快，避免产生沉淀，酸碱度为中性至微酸性。常用肥料有尿素、硫酸钾、溶解度高的复合肥、硝酸钾、硝酸铵等。

（3）使用前检查。首先检查滴灌带、微喷带的阀门状态，需要灌溉的地块开启，其他地块阀门全部关闭。

（4）确定施肥量。根据每亩施肥计算一个灌溉单元的施肥量。如需施尿素 10kg/亩。在设置界面的参数设置下，依据实际的灌溉亩数、浇灌时间和本次预计施肥量，对施肥前灌溉清水、施肥时间、施肥量、后清水时间等进行设置，每项参数设置好后，点击"确认"键完成设置。

（5）初次排气。初次施肥应旋转主管道加肥口处的三通阀，将加肥泵内的气体全部排出后,方可切换到主管道上。

(6)设置前后清水。施肥前要求先滴清水 20~30 min,再加入肥料。追肥完成后再滴清水 30 min,清洗管道,防止堵塞滴头。

(7)维护保养。长时间不使用的灌溉施肥系统需要进行全面维护,以确保日后的正常运行。需对整个系统进行清洗,打开若干轮灌组阀门(少于正常轮灌阀门数),开启水泵,依次打开主管和支管的末端堵头,将管道内积攒的污物冲洗出去;完成后打开地下管道末端阀门,排出管道积水,防止冻裂;可拆除的管道应尽量拆下,清洗干净入库保存,拆卸阀门要仔细,注意保护塑料部件,并将阀内的水排尽;将阀门和连接件用塑料包裹好,以防杂物和水进入,对于损坏堵塞的管件要及时补充更换。

## 第五节　智能灌溉控制技术

随着计算机技术、应用控制技术、人工智能技术、网络通讯技术和信息工程技术的进步,我国节水灌溉工程的自动化、信息化得到了进一步的发展。通过节水灌溉自动控制系统的应用,提高了灌溉水的利用率,保护了生态环境,使节水灌溉的效益达到了最大化(图 2-20)。

图 2-20　自动控制技术示意

## （一）技术内容

智能灌溉控制技术是指融合计算机控制、网络通信、环境传感、机电一体化等技术，由中央控制系统实现对灌溉时间、灌水总量、灌区排序等操作的自动控制，从而减少人工干预，达到节本增效的目的。目前先进的自动控制技术可通过使用地下湿度传感器来探测土壤湿度，通过智能系统来测得植物果、茎等直径变化，进而分析作物灌溉量及灌溉计划，且具有多套管理程序，能够对几路到十几路的电磁阀进行同时控制，智能化及自动化控效果可靠、精密，操作也很方便简单。

## （二）装备配套

### 1. 自动控制系统类型

目前常用的自动控制系统可分为时序控制灌溉系统、ET 智能灌溉系统、中央计算机控制灌溉系统。

（1）时序控制灌溉系统。时序控制灌溉系统将灌水开始时间、灌水延续时间和灌水周期作为控制参量，实现整个系统的自动灌水。其基本组成包括控制器、电磁阀，还可选配土壤水分传感器、降雨传感器及霜冻传感器等设备。其中控制器是系统的核心。灌溉管理人员可根据需要将灌水开始时间、灌水延续时间、灌水周期等设置到控制器的程序当中，控制器既通过电缆向电磁阀发出信号，开启或关闭灌溉系统（图 2-21）。

控制器的种类很多，可分为机电式和混合电路式，交流电源式和直流电池操作式等。其容量有大有小，最小的控制器只控制单个电磁阀，而最大的控制器可控制上百个电磁阀。电磁阀一般为交流 24V 隔膜阀，通过电缆与控制器相连。电磁阀启闭时有一定时间的延迟，这一特性可有效防止管网中的水击现象，保护系统安

图 2-21 时序控制系统

全。目前国内的自动控制灌溉系统，基本上均为时序控制灌溉系统。

（2）ET智能灌溉系统。ET智能灌溉系统，将与植物需水量相关的气象参量（温度、相对湿度、降水量、辐射、风速等）通过单向传输的方式，自动将气象信息转化成数字信息传递给时序控制器。使用时只需将每个站点的信息（坡度、作物种类、土壤类型、喷头种类等）设定完毕，无须对控制器设定开启、运行、关闭时间，整个系统将根据当地的气象条件、土壤特性、作物类别等不同情况，实现自动化精确灌溉（图2-22）。

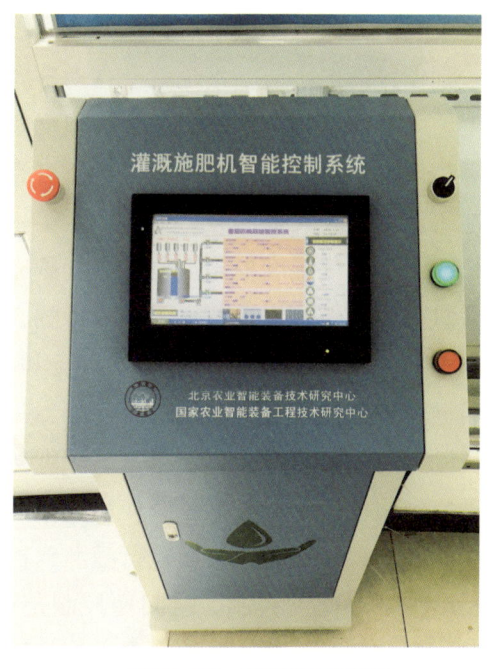

图2-22 智能控制系统

（3）中央计算机控制灌溉系统。中央计算机控制灌溉系统，将与植物需水相关的气象参量（温度、相对湿度、降水量、辐射、风速等）通过自动电子气象站反馈到中央计算机，计算机会自动决策当天所需灌水量，并通知相关的执行设备，开启或关闭某个子灌溉系统。在中央计算机控制灌溉系统中，上述时序控制灌溉系统可作为子系统。如美国亨特公司开发的IMMS中央计算机控制灌溉系统，可通过有线、无线、光缆、电话线、甚至手机网络等方式对无限量的子系统实现计算机远程控制，对小到一个公园、大到一个城市甚至几个城市的所有灌溉系统，均可由一台中央计算机进行自动控制。

**2. 自动控制方式**

（1）压力型控制。压力型控制系统是通过控制灌溉管道的压力，来达到提高灌溉的均匀性目的，通常是需要与变频控制器一起使用的，只要根据相同的压力灌溉系统，设置压力传感器，就可以实现控制目的。但是，压力型自动控制应用成本较高，操作也比较复杂，不是任何类型的灌溉都适用，它只适合对灌溉水均匀性要求高的一些场所。

（2）土壤湿度控制。土壤湿度型是通过控制土壤湿度，从而实现对土壤含水量控制的目的，通常是与渗灌和滴灌一起搭配使用，根据土壤的不同湿度，系统

会设置最大值以及最小值，之后通过传感器对土壤湿度进行探测，一旦土壤湿度达到设置的最小值，系统就会自动开启进行灌溉，反之当土壤湿度达到设置的最大值，系统就会自动关闭。土壤湿度型自动控制系统使用起来很方便，但是它的应用成本也比较高，并不适用于所有类型的灌溉，一般是多应用于温室大棚和田地等范围比较大的灌溉。

（3）空气湿度控制。空气湿度是通过对空气温度施加控制，来确保环境能够适宜作物生长，实现节水灌溉的目的，一般是与微喷灌一起应用。它的工作流程和土壤湿度几乎相同，根据空气的不同湿度，系统会设置最大值以及最小值，之后通过传感器对空气湿度进行探测，一旦空气湿度达到设置的最小值，系统就会自动开启进行灌溉，反之当空气湿度达到设置的最大值，系统就会自动关闭。这种空气湿度型自动控制系统使用起来方便简单，但实际应用比较少，多用于大棚和温室中，特别是对育苗进行灌溉，控制相对比较准确。

（4）时间型控制。时间型控制是通过控制灌水时间，来达到节水灌溉的目的。时间型自动系统能够事先设定好灌溉开启和关闭的时间，比如，可以设定每天的中午 11:00 到下午 3:00 点以及晚上 5:30 到 7:00 进行灌溉，其余时间保持关闭。此外，时间型还可以对开启及关闭时间的间隔进行设点，比如育苗微喷灌为保证湿度，设定为开启 15 秒关闭 8 分钟连续运行。时间型自动控制系统的制造简单，技术成本也相对便宜很多，使用也简单，不需要太多的技术含量，因此应用范围十分广泛。

（5）雨量型控制。雨量型控制是根据降雨量的多少，来达到控制灌水量的目的，一般情况下是与微喷灌和喷灌一起结合应用的。雨量型自动控制系统的工作是通过传感器来实现对灌溉降雨量进行采集，当达到设定值以后，就会自动关闭系统。

（6）综合型控制。综合型控制是通过综合控制灌溉管理压力、土壤湿度、灌水时间、降雨量、空气湿度中的几种，例如，控制灌水时间加降雨量，土壤湿度加空气湿度加压力，降雨量加灌水时间等，根据系统开启和关闭设定条件，物理量满足条件就可以执行动作。

## （三）操作规程

（1）灌溉自动控制系统是通过智能控制器来控制水泵的开关和施肥泵的开关，由总控制器对各分控制器进行控制，并由分控制器来控制灌溉区域内的电动阀门的开启来达到自动灌溉目的。因此，需要在使用前检查各控制器性能，确保正常使用。

（2）系统一般有本地手动操作、远程控制操作、液晶屏显示按键操作的三种操作方式，满足不同条件下、不同人群的使用操作。

（3）本地手动操作：先将控制箱中控制方式转到本地（手动）位置，然后根据需要，手动按下控制箱上的水泵、施肥泵等设备开停按钮，人为的进行控制管理。

（4）远程控制操作：先将控制箱中间的控制方式转到远程位置，然后根据各系统软件提示进行参数设定和设备开停。

（5）液晶屏显示按键操作：根据各系统软件提示，直接在施肥机主机上进行参数设定和设备开停。

# 第三章 肥料施用技术

## 第一节 颗粒肥施用技术

### 一、技术内容

**1. 技术定义**

颗粒肥料指按预定平均粒径制成的固体肥料,使用机械设备将固体颗粒肥料均匀撒布或条施到田间的技术统称为颗粒肥施用技术。

**2. 技术原理**

利用螺旋抛撒、开沟条施等形式,将颗粒肥料均匀施用在田间,并根据肥料用量可以对设备进行调节,保证施肥作业快速进行。

**3. 技术特点**

颗粒肥料具有物理性能好、装卸时不起尘、长期存放不结块、流动性好、施肥时易撒布等优点,并可实现飞机播肥,同时还可按需求发挥缓释作用,提高肥料的利用率。此外,品种不同但大小相近的颗粒肥料可实现直接掺混施用,具有和复合肥同样的肥效。因此随着肥料造粒技术不断发展,大颗粒尿素、磷铵、复合肥、颗粒钾肥等产品也得到迅速发展。肥料颗粒化是当今化肥的发展趋势之一。

**4. 技术分类**

根据施用方式的不同,大体可分为颗粒肥撒施技术和颗粒肥条施技术(图3-1,图3-2)。

图 3-1　颗粒肥撒施机

图 3-2　颗粒肥条施机

## 二、装备配套

**1. 设备分类**

颗粒肥施用机械主要可分为撒施设备和条施设备两大类型。其中撒施设备主要将肥料抛撒于地表，需配合耕整地作业，常用于基肥施用；条施设备则常用于种肥、追肥施用，可联合播种、中耕等作业环节，实现一体化复式作业。

## 2. 机具结构及工作原理

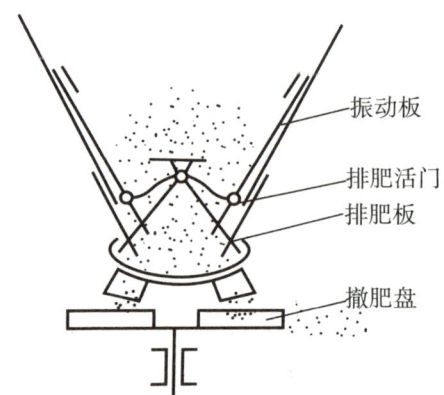

图3-3 离心式撒肥机结构示意

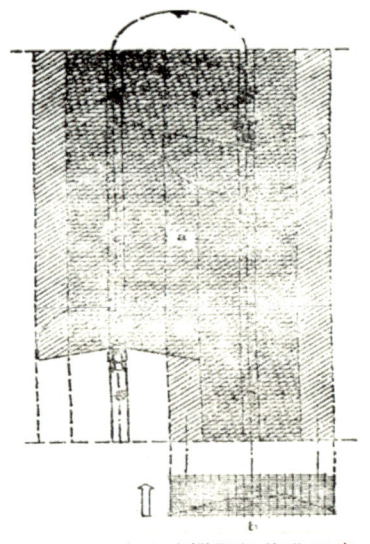

图3-4 离心式撒肥机作业示意

（1）颗粒肥撒施设备。目前使用较成熟的撒施设备主要为离心圆盘式撒肥机。它是由动力输出轴带动旋转的撒肥盘利用离心力将化肥撒出，有单盘式与双盘式两种。撒肥盘上一般装有2~6个叶片，它们在转盘上的安装位置可以是径向的，也可以是相对于半径前倾或后倾的；叶片的形状有直的，也有曲线形的。前倾的叶片能将流动性好的化肥撒得更远，而后倾的叶片对于吸湿后的化肥则不易黏附。主要机具类型为双圆盘撒肥机和单圆盘撒肥机（图3-3）。

离心式撒肥机在一趟作业中撒下的化肥沿纵向与横向的分布都不是很均匀的。一般是通过重叠作业面积来改善其均匀性。此外还可以通过将撒肥盘上相邻叶片制成不同形状或倾角使各叶片撒出的肥料远近不等或分布各异以改善其分布均匀性。离心式撒肥机得到广泛应用是由于它具有结构简单、重量较小、撒施幅宽大和生产效率高等优点（图3-4）。

（2）颗粒肥条施设备。目前我国用于颗粒肥条施的设备类型较多，主要差异在于排肥器形式不同，大体上有水平星轮式、槽轮式、螺旋式和振动式等几种类型。这种施肥机大多与播种、中耕等环节设备联合作业，其中，化肥排肥器是施肥部分的重要工作部件，其工作性能的好坏，直接影响了施肥的作业质量，因此化肥排肥器应满足以下性能要求：排肥可靠，能适应不同含水量的化肥；排肥稳定、均匀，不受前进速度与地形等因素的影响；排肥量调节灵敏、准确，调节范围能适应不同化肥品种与不同作物的施用要求；最好能通用于排施粉状、结晶状和颗粒状化肥；便于清理残存化肥；条件允许时，排肥器的工作部件采用耐腐蚀材料制造（图3-5，图3-6，图3-7）。

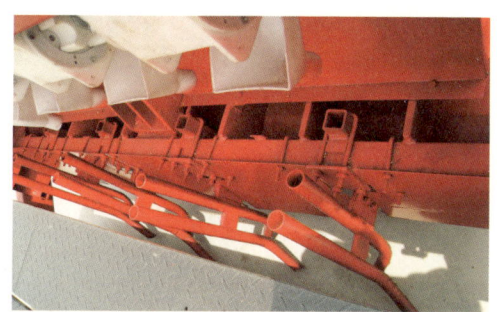

图3-5 联合条施机（1）

图3-6 联合条施机（2）

图3-7 联合条施机（3）

**3. 功能特点及应用范围**

（1）双圆盘撒肥机。可撒播颗粒状、粉末状化肥或颗粒状有机肥和绿肥，可用于大田、葡萄和果树施肥。撒肥圆盘可拆卸，叶片可快速调节以适应不同的工作模式，抛撒效率高（图3-8，图3-9）。

图3-8 双圆盘撒肥机（1）

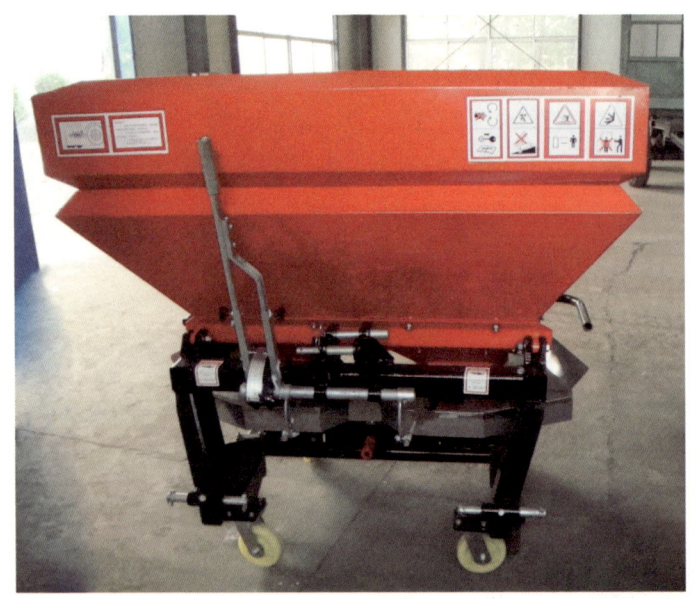

图 3-9 双圆盘撒肥机（2）

（2）单圆盘撒肥机。单圆盘撒肥机结构简单，故障率低，可以抛洒各种不同种类的化肥。设备重量轻，对拖拉机提升力要求较小，可调节撒肥角度，与双圆盘撒肥机比较，一般肥箱较小，效率较低，但价格便宜，适用于小型地块（图3-10，图3-11）。

图 3-10 单圆盘撒肥机（1）

图 3-11　单圆盘撒肥机（2）

（3）水平星轮式施肥机。水平星轮式施肥机主要工作部件为绕垂直轴转动的水平星轮，工作时，通过传动机构带动排肥星轮转动，肥箱内的肥料被星轮齿槽及星轮表面带动，经肥量调节活门后，输送到椭圆形的排肥口，肥料靠自重或打肥锤的作用落入输肥管内。常采用相邻两个星轮对转以消除肥料架空和锥齿轮的轴向力。该排肥器适合排晶状化肥和复合颗粒肥，还可以排施干燥粉状化肥。排施含水量高的粉状化肥时，排肥星轮被化肥粘结，易发生架空和堵塞。主要用于谷物条播机上（图3-12）。

图 3-12　水平星轮式施肥机

（4）外槽轮式施肥机。外槽轮式施肥机其主要工作部件槽轮工作过程类似于外槽轮式排种器，由排肥轮、排肥盒、挡圈、阻塞套、排肥轴和排肥舌等组成。工作时，排肥轴带动排肥轮转动，充满凹槽内的肥料随排肥轮一起转动，并被强制从排肥盒下部排出，这层肥料称为强制层。处于排肥轮外缘附近的肥料，由于摩擦作用和排肥轮轮缘突起的间断冲击作用也被带动起来，这一层肥料被称为带动层。带动层肥料的运动速度自里向外逐渐减小，直至为零。带动层外为静止层。随着强制层和带动层肥料的不断排出，静止层的肥料便依次向带动层和凹槽内补充，因而，排肥器就不断地工作。用于排施流动性较好的颗粒化肥时，排肥稳定性与均匀性都较好，其特点是结构较简单，适用于排流动性好的松散化肥和复合粒肥。排粉状及潮湿的化肥时，易出现架空和断条等现象，且槽轮易被肥料粘附而堵塞，失去排肥能力（图3-13）。

图3-13　外槽轮式施肥机

（5）螺旋式施肥机。螺旋式施肥机主要原理是工作时螺旋回转，将肥料推入排肥管。排肥螺旋叶片有普通形、中空形和钢丝弹簧形三种。叶片式施肥量大，但对肥料压实作用亦大，只适于排施粒状及干燥的粉状化肥，对吸水性强、松散性差的化肥，肥料易架空、叶片易粘结化肥而无法工作。中空叶片对肥料压实作用较小、施肥量较叶片式均匀，其他特点与叶片式相同。钢丝弹簧式不易被肥料粘附，排施潮湿肥料的能力较前两种强，但对吸水性很强而松散性较差的化肥如碳铵、粉状过磷酸钙、磷矿粉等的适应性仍然较差。在排肥量小时，螺旋式排肥器的排肥均匀性比较差（图3-14）。

图3-14　螺旋式施肥机

（6）振动式施肥机。振动式施肥机由肥箱、振动板、振动凸轮等组成。工作时，凸轮使振动板不断振动，使化肥在肥箱内循环运动，可消除肥箱内化肥的"架空"。并使之沿振动板斜面下滑，经排肥口排出。排肥量大小用调节板调节，对流动性较好的化肥，可更换调节板。由于振动关系，肥料排量受肥箱内肥料多少、肥料密度、粘结力等的影响较大，排肥量的稳定性和均匀性较差（图3-15）。

图3-15　振动式施肥机

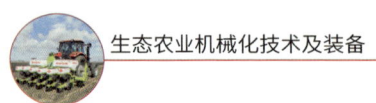

## 三、操作规范

### （一）撒施设备操作规范

撒肥机使用非常轻便、安装过程简单，使用率比较高，根据肥料的颗粒大小可以对撒肥机进行调节。同时还可以调整抛洒的宽度和最大施肥能力，保证施肥作业快速进行。通常肥料颗粒比较大，撒肥的宽度也会增加，撒肥量相应减少。

（1）进行施肥时如果风速比较大，单位面积的施肥量会不断减小，如果撒施颗粒大小不一的化肥，撒肥的宽度也会发生变化，撒肥机进行实际操作时需要根据实际需肥量，进行作业的抛洒宽度和数量决定（根据各设备操作说明进行调节）。

（2）通过设立标志物的办法把拖拉机的行走路线确定准确，确保拖拉机走直，幅宽准确。

（3）撒肥工作选择无风或风力较小的天气下进行。

（4）撒肥时，拖拉机的行走速度一般选择 8km/h。

（5）撒肥机装好化肥，拖拉机开进地里，距地头一个工作幅宽后停下，踩住离合器，挂好动力输出轴，按说明书挂好前进档，用手油门把拖拉机发动机转数增至额定转数，定死，松离合和操纵液压操纵杆打开出肥口同时进行，向既定轨迹行走，开始撒肥。

（6）拖拉机到地头后先关出肥口，然后松手油门，停车或调头。

（7）撒肥前，检查撒肥机油杯和传动轴是否缺油，如果不足，应该及时添加。

（8）每次撒肥结束，及时清洗撒肥机。仔细检查机器各零部件破损情况，记录后上报，然后入库，如果露天存放，注意做防尘防晒处理。

注意事项如下。

（1）流动性：将松散的化肥通过适当孔口落于平面上，使自然形成一圆锥体，圆锥体的底角（自然休止角），可以表示化肥的流动性。自然休止角愈小流动性愈好，肥料就容易从排肥机构中排出。化肥吸湿后自然休止角变大，当自然休止角超过 55° 时，多数排肥器均不能正常工作。

（2）吸湿性：化肥吸湿后流动性变差，容易造成排肥器和导肥管堵塞，也会在肥箱内出现架空而无法排出。

（3）架穴性：将肥料放在底部有孔的容器内，打开孔口盖板后拨出一部分化肥，则会在该部位形成洞穴，而其上层与周围的化肥并不产生流动或倒塌。这就是化肥架空性所形成的现象。化肥吸湿后，当水分含量增加到一定程度，就容易产生架空。架空性对排肥机构工作影响很大，使肥料断续不均地排出，造成施肥断条。施用易架空化肥时，肥料内应该设置消除架空的搅拌机构。

（4）粘结性：含水量较高的化肥受到压力或机械的搅动作用后，易粘结成块状而使排肥器堵塞。施用这种化肥的排肥器应有破碎化肥结块的能力。

**（二）条施设备操作规范**

（1）要清理肥箱内的杂物和开沟器上的缠草、泥土，确保状态良好，并对各传动、转动部位，按说明书的要求加注润滑油，尤其是要注意传动链条润滑和张紧情况以及螺栓的紧固。

（2）与拖拉机安装挂接时，首先将拖拉机的悬挂机构与施肥机的挂接机构结合在一起，并销好。与拖拉机挂接后，不得倾斜，工作时应使机架前后呈水平状态。

（3）按使用说明书的规定和农艺要求，将施肥量调整适当。注意加好肥料，最好保持肥料干燥，以保证排肥流畅。

（4）为保证施肥质量，在进行大面积播种施肥前，一定要坚持试施 20m，观察施肥机的工作情况，进行检查，确认肥层深度是否达到农艺要求，再进行大面积作业。

（5）注意匀速直线行驶。机手选择作业行走路线，应保证加肥和机械进出的方便，施肥时要注意匀速直线前行，不能忽快忽慢或中途停车，以免重施、漏施；倒退或转弯时，应将播种施肥机提起。

（6）施肥时经常观察排肥器以及传动机构的工作情况，如发生堵塞、黏土、缠草、肥料覆盖不严，要及时予以排除。调整、修理、润滑或清理缠草等工作，必须在停车后进行。

（7）施肥机工作时，严禁倒退或急转弯，提升或降落应缓慢进行，以免损坏机件。

（8）注意肥箱中肥料和各排肥口的下肥情况，一旦发现化肥在箱内有架空或排肥管有堵塞等现象，应立即停车进行排除。

（9）使用完毕后，应彻底清理机器各处泥土、杂草等，冲洗肥箱并晾干，涂防锈剂。

（10）脱漆处应涂漆。损坏或丢失的零部件要修好或补齐，存放于通风干燥处，妥善保管。

（11）传动部分及润滑嘴均应清洗干净，各润滑部位均应加足润滑油，链轮、链条要涂油存放，对各弹簧应调整到不受力的自由状态。

（12）机器上不要堆放其他物品。应放在干燥、通风的库房内，如无条件，也可放在地势高且平坦处，用棚布加以遮盖。放置时，应垫平放稳。

（13）长期存放后，在下一季节施肥开始之前，应提早进行维护检修。

注意事项如下。

（1）每班作业结束后，应清除机器上的泥土、杂草，检查连接件的紧固情况，如有松动，应及时拧紧。

（2）检查各转动部件是否灵活，如不正常，应及时调整和排除。

（3）传动链等有摩擦的部位应加注相应的润滑油。

（4）每次工作结束后，要清空肥箱内的肥料。

## 四、质量标准

### 1. 种肥施用质量标准

做种肥施用时，作业质量标准可参照 NY/T 1768-2009《免耕播种机质量评价技术规范》中排肥标准。

在小麦排种量为 150~180kg/hm²、玉米排种量为 30~75kg/hm²、颗粒状化肥含水率不超过 12%、小结晶粉状化肥含水率不超过 2%、排肥量为 150~180kg/hm² 的条件下，应符合表 3-1 的规定。

表 3-1　种肥施用质量标准

| 序号 | 项　　目 | 质量标准 | | | |
|---|---|---|---|---|---|
| | | 小麦条播 | 玉　米 | | |
| | | | 条播 | 穴播 | 精播 |
| 1 | 各行排肥量一致性变异系数（%） | ≤ 13.0 | ≤ 13.0 | ≤ 13.0 | ≤ 13.0 |
| 2 | 总排肥量稳定性变异系数（%） | ≤ 7.8 | ≤ 7.8 | ≤ 7.8 | ≤ 7.8 |

注：各行排肥量一致性：播种机上各行排肥器排肥量的一致程度
　　总排肥量稳定性：排肥器在要求条件下排肥量的稳定程度

### 2. 追肥施用质量标准

做追肥施用时，作业质量标准可参照 DB21T 1519—2016《中耕施肥机　质量评价技术规范》。

在中等土壤，含水量 15%~25%，土壤硬度 0.4~2.0MPa，颗粒状化肥含水量不大于 12%，小结晶粉状化肥含水量不大于 5%，排肥量为 150~225kg，中耕施肥机性能应符合表 3-2 规定。

表 3-2 中耕施肥机性能指标

| 序　号 | 项　目 | 性能指标 |
| --- | --- | --- |
| 1 | 各行耕深一致性变异系数（%） | ≤18.5 |
| 2 | 沟底浮土厚度（cm） | 4.0~6.0 |
| 3 | 碎土率（%） | ≥85.0 |
| 4 | 伤苗、埋苗率（%） | ≤5.0 |
| 5 | 培土（起垄）行距合格率（%） | ≥78.0 |
| 6 | 土壤膨松度（%） | ≤40.0 |
| 7 | 入土行程（m） | ≤1.5 |
| 8 | 有效度（%） | ≥95 |
| 9 | 首次故障前平均作业量（$hm^2/m$） | ≥35 |

注：（1）各行耕深一致性：各行开沟深度的一致程度

（2）伤苗、埋苗率：测定长度内（1m），伤苗、埋苗等株数占总株数的百分比

（3）入土行程：锄铲从开始入土起至规定作业深度时止所前进的水平距离

## 第二节　厩肥施用技术

### 一、技术内容

**1. 技术定义**

厩肥主要指家畜粪尿和垫圈材料、饲料残茬混合堆积并经微生物作用而成的肥料，富含有机质和各种营养元素，使用厩肥能改良土壤、使作物增产。我国施厩肥多将腐熟好的厩肥用大车运至田间匀放成小堆，再用锹撒开。也有在大车上随走随撒的。这种方法劳动生产率很低，且撒肥不匀。厩肥机械化撒施技术是应用先进装备，将厩肥均匀撒施到田间的方法，可极大减少人工消耗（图 3-16）。

（1） （2） （3）

图 3-16 厩肥

**2. 技术原理**

大多厩肥撒施机均通过肥料箱底部的输肥部件进行肥料输送，通过螺旋、甩链等抛撒装置，实现肥料撒施。排肥量可视需要随时进行调节，以满足农艺要求，排肥均匀性好，撒施宽度可调，撒肥效率高，若卸掉撒施装置，换上车厢后挡板，可当半挂拖车使用。

**3. 技术特点**

采用撒肥机撒肥可以显著提高劳动生产率，并可提高撒肥质量。国外发达国家农业生产实践表明，采用有机肥撒施机，将有机肥撒施到田间，既能改善土壤结构、提高土壤肥力，使土壤中水、肥、气达到协调，提高耕地产出率，又能减轻畜禽粪便、农作物秸秆及生产生活有机垃圾等多种废弃物对环境造成的污染，是实现农业可持续发展行之有效的方法。

## 二、装备配套

**1. 设备分类**

厩肥的撒施方法很多，国内外根据地域国情，生产多种型号的厩肥撒施机械，几种较为常用的厩肥撒施机有：螺旋式撒厩肥机、牵引式装肥撒肥车、甩链式厩肥撒布机、悬挂式撒厩肥机。

**2. 机具结构及工作原理**

（1）螺旋式撒厩肥机。如图 3-17 所示，该机的结构特点是由装在车厢式肥料箱底部的输肥部件进行撒布。撒肥部件包括撒肥滚筒、击肥轮和撒布螺旋等。撒肥滚筒的作用是击碎肥料,并将其喂送给撒布螺旋。击肥轮用来击碎表层厩肥,并将多余的厩肥抛回肥箱中,使排施的厩肥层保持一定厚度,从而保证撒布均匀。撒布螺旋杆高速旋转,将肥料向后和向左右两侧均匀地抛撒。

1—输肥链;2—撒肥滚筒;3—撒布螺旋;4—击肥轮

**图 3-17　螺旋式撒厩肥机结构示意**

(2)牵引式装肥撒肥车。如图 3-18 所示,牵引式装肥撒肥车以动力输出轴传输撒厩肥的动力,也有把撒肥器做成既能撒肥又能装肥的结构。图 3-18 为国外销售的一种牵引式自动装肥撒肥机。装肥时,撒肥器位于下方,将肥料上抛,由挡板导入肥箱内。这时,输肥链反转,将肥料运向撒肥机前部,使肥箱逐渐装满。撒肥时,油缸将撒肥器升到靠近肥箱的位置,同时更换传动轴接头,改变转动方向,进行撒肥。

(3)甩链式厩肥撒布机。如图 3-19 所示,甩链式厩肥撒布机采用圆筒形肥箱,筒内有根纵轴,轴上交错地固定着若干根端部装有甩锤的甩肥链。工作时,

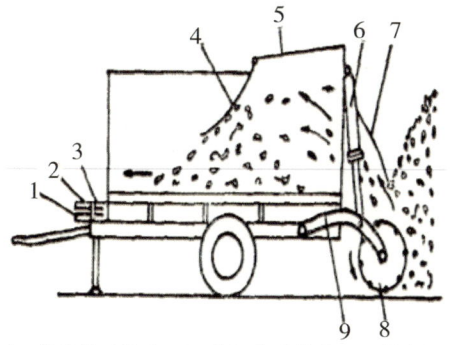

1—撒肥传动接头;2—装肥传动接头;3—换向器;4,5,7—挡板;6—升降油缸;8—撒肥装肥器;9—传动支撑

**图 3-18　牵引式装肥撒肥车结构示意**

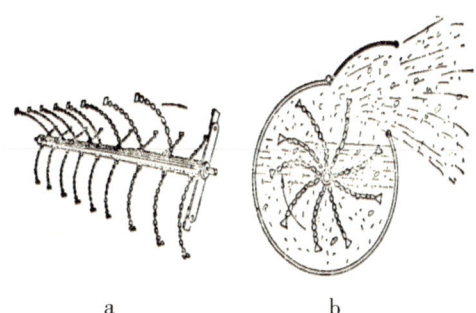

**图 3-19　甩链式厩肥撒布机结构示意**

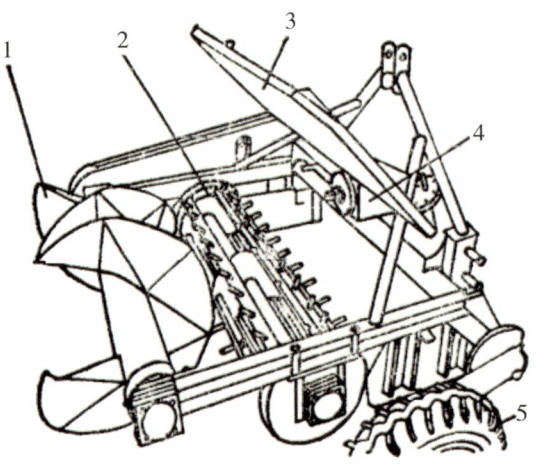

1-螺旋撒肥器；2-撒肥滚筒；3-反折板；4-齿轮箱；5-行走轮

图 3-20 悬挂式撒厩肥机结构示意

甩链由拖拉机动力输出轴驱动以 200~300r/min 的转速旋转，破碎厩肥，并将其甩出。

（4）悬挂式撒厩肥机。如图 3-20 所示为一种用来撒开田间厩肥条堆的悬挂式撒厩肥机。在机架上装有撒肥滚筒和双向螺旋撒肥器。撒肥滚筒和螺旋撒肥器由拖拉机的动力输出轴驱动。机架的前上方装有反折板以保护驾驶员的安全。

**3. 功能特点及应用范围**

（1）螺旋式撒肥机。螺旋撒肥机（图 3-21，图 3-22，图 3-23），能将有机肥进行破碎并抛洒，具有破碎效率高、抛洒范围广而均匀的优点。一般在肥料仓下方的车架底盘上设有肥料传输装置，肥料仓的后侧设有肥料破碎抛撒装置，后侧顶部设有通过门液压油缸控制的向上掀开的肥料落点控制门，在支撑架的中部水平安装有若干个破碎抛撒辊，在肥料破碎抛撒装置下方的车架底盘上设有一肥料撒布装置。

图 3-21 螺旋式撒肥机

图 3-22 螺旋式撒肥机

图 3-23　螺旋式撒肥机

（2）牵引式装肥撒肥车。如图 3-24，图 3-25，图 3-26 所示，牵引式装肥撒肥车具有机动性好，结构简单、操作方便、撒播均匀、使用可靠等特点，用于拖运和抛撒固态物料，包括堆肥、厩肥、垫床废料等。

图 3-24　牵引式装肥撒肥车

图 3-25　牵引式装肥撒肥车

图 3-26　牵引式装肥撒肥车

## 三、操作规范

### 1. 准备

（1）必须遵守标牌规定的重量和载荷，禁止超负荷挂接。

（2）当撒肥机装载肥料时，禁止将撒肥机停放在支撑机械上，停在支撑机械上的拖车禁止移动或运输。

（3）停放撒肥机时要确保其是牢固，如果停放的地面是松软的，应增加支撑轮等支撑物，禁止撒肥机滚动。

### 2. 操作

（1）根据作物生长需求控制撒肥量，通过调节推送速度和拖拉机行驶速度控制总体施肥量。

（2）当机器使用时，任何人不得进入拖车和箱式撒肥机之间的区域，同时应避免紧急转弯。

### 3. 维护保养

（1）清洗时完全清空肥料撒施机，关闭机器的所有活动板和阀门。先用清水简单冲洗整个撒施机，再用高压清洁剂清理撒肥机的外部，可延长机器的使用寿命。

（2）长时间存放，将撒肥机与拖拉机的液压系统、气动线路和电气线等连接部件断开，然后将机器盖上防尘罩。

（3）在进行维护及故障诊断时，必须保证发动机为停止工作状态。

（4）关键部位的螺母、螺栓须定期检查，并确保它们安装在正确的位置上并拧紧。

（5）机器在维修过程中必须有支撑机械以保证工作安全。

### 4. 注意事项

（1）物料装填时应尽量使用适宜机械，若人工上料，务必确认设备停止运行。

（2）单位面积撒肥量与作业行走速度密切相关，应根据实际需求确定适宜行走速度。

# 第三节　液态有机肥撒布技术

## 一、技术内容

### 1. 技术定义

有机肥广义上指以有机物质（含有碳元素的化合物）作为肥料，包括人粪尿、厩肥、堆肥、绿肥、饼肥、沼气肥等，具有种类多、来源广、肥效较长等特点。有机肥所含的营养元素多呈有机状态，作物难以直接利用，经微生物作用，缓慢释放出多种营养元素，源源不断地将养分供给作物。施用有机肥料能改善土壤结构，有效地协调土壤中的水、肥、气、热，提高土壤肥力和土地生产力。有机肥中常用的堆肥，是固态肥料，而沤肥产生的大多是液态肥料。沤肥所用原料与堆肥基本相同，只是在淹水条件下进行发酵而成，如沼液。通过施肥罐车或管道将液态有机肥原料抽取后再施在地表、地表下的技术就是液态有机肥撒布技术。

### 2. 技术原理

主要先使用施肥罐车或管道进行液态有机肥原料抽取，再用施肥罐车将液态有机肥均匀撒施在地面或开沟施用地表下还田利用。

### 3. 技术特点

液态有机肥撒布机不仅可以将液态肥运输至田间地头，也可以通过直接喷洒、开沟条施、注射施入等不同的方式，将液态肥均匀有效的施到田里。当田地离居民区近时，可以使用无味氮肥流失少的注射型播撒器，当田地离居民区远时，而撒播时机选择多时，可以选择经济的直接喷洒型撒播器。

## 二、装备配套

### 1. 设备分类

最早的液态有机肥洒施主要是通过动力泵将肥液吸出，再通过管道或喷嘴直接将液态肥洒到地表，但该方式施用的液肥直接裸露在地表，易损失且不卫生（图3-27，图3-28）。

生态农业机械化技术及装备

图 3-27　液肥抽取

图 3-28　地表直接施用

目前较为先进的施用设备主要是泵式液态有机肥施用车（图 3-29）。主要是通过车上装有的抽吸液泵，将液态有机肥从贮液池抽吸到液罐内，再运至田间后由泵对液罐增压，排出肥液，同时配合专用管道或开沟覆土设备，实现肥液深施。

图 3-29　泵式液态有机肥施用车

### 2. 机具结构及工作原理

目前国内外常用的不易造成液肥损失的撒施机械主要有 3 种。第 1 种为管道式液肥注入机，利用泵从液肥罐中将液肥抽出，经过管道组直接注入土壤；第 2 种为鞋靴式液肥注入机，同样利用泵将液肥从罐体内抽出，并注入土壤，并同时覆土；第3种为楔形液肥注入机，用泵将液肥注入土壤、覆土，可显著减少机具对土表的扰动。3种机器在液肥施用上非常有效，但在减少液肥中氨损失方面，以楔形注入机效果最好，其次是鞋靴式注入机和管道式注入机。

目前，液态有机肥洒施机正向大容量、多功能方向发展，其罐体容量可达30m³以上。在抽吸装置方面，可配备各种不同的抽吸设备，既有简单的手动接装抽吸管，又有液压控制的短型或长形抽吸臂；在撒施装置方面，既可配备简单喷嘴，又可配备9~18m喷灌软管台及深松施肥器等。

### 3. 功能特点及应用范围

（1）圆盘开沟液肥施肥机。如图3-30所示，该机可以通过真空泵将各种液体、浆体类物质自动吸取到罐体中，并通过液压控制的洒播器充分均匀的撒播到土壤中。开沟圆盘可实现开沟后施肥，保证液肥深施。

图3-30 圆盘开沟液肥施肥机

（2）管道注入施肥机。如图3-31所示，管道注入施肥机通过真空泵将各种液体、浆体类物质自动吸取到罐体中，并通过液压控制的洒播器充分均匀的撒播到土壤中。维护保养简单方便，注入管道系统可液压折叠，方便道路行驶。

生态农业机械化技术及装备

图 3-31 管道注入施肥机

## 三、操作规范

### 1. 准备

必须遵守标牌规定的重量和载荷；同时，保证所用动力（拖拉机）的最大允许牵引负载，禁止超负荷挂接。

### 2. 操作

（1）装料时确保不吸入石块、木块等异物，并随时观察压力阀，保证物料匀速吸入。装料完毕必须清扫吸料管，以延长使用寿命和确保良好的密封。

（2）下田作业前先确认压力阀数值正常，打开分施器，检查各条分施管路、开沟器等部件是否破损。各项检查正常后方可进地作业。

（3）施肥作业时保持拖拉机匀速行驶，遇到颠簸起伏路段，减速缓行。

### 3. 维护保养

（1）若作业后长时间不使用，可吸入清水再排出，进行罐体内部及管路清洗。

（2）压力阀必须每年检查一次，两至三年必须检查阀芯。

（3）在进行维护及故障诊断时，必须保证发动机为停止工作状态。

（4）机器在维修过程中必须有支撑机械以保证工作安全。

# 第四章 高效植保机械化技术

## 第一节 循环喷雾技术

### 一、概述

能够将未沉积在靶标上的药液收集回收循环再利用的喷雾技术成为循环喷雾技术，使用循环喷雾技术的喷雾机称为循环喷雾机。循环喷雾技术从 20 世纪 90 年代开始逐渐广泛使用，是目前世界上农药损失最少的施药技术之一，经联邦德国农林生物研究中心（JKI）测试，循环喷雾机能够减少飘失 90%，被列为低飘喷雾机，并享受政府补贴政策。

### 二、循环喷雾技术原理

循环喷雾技术的基本原理是利用机械装置或气流等拦截从靶标上流失的和未沉积在靶标上的雾滴，然后通过药液回收装置循环回药箱，再次进入喷雾系统喷雾。

衡量循环喷雾机作业性能的标准主要有雾滴在冠层中的沉积特性，药液回收率。要求雾滴在冠层不同位置的沉积量差异性小，叶片正反两面有足够的药液沉积，在保证达到病虫害防治要求的前提下药液回收率越高越好。药液回收率为回收药液量与喷雾系统喷出药液的比值。

### 三、循环喷雾技术特点

循环喷雾技术的优点主要如下。

（1）节省农药，减少飘失，文献数据显示，循环喷雾机能够在作物生长季节内节药 30%~60%，平均节药 40%，减少飘失 90%，是目前农药飘失最少的一种施药机具之一。

（2）受环境因子影响小，较其他果园喷雾机，循环喷雾机受到外界气流的影响较小，因此可以在常规喷雾机不能作业的风大天气作业，提高了作业及时性。

（3）能够减少缓冲区，在一些地区和国家，为了减少农药对水源、住宅以及公共场所的污染，需要在作业区域设置缓冲区，缓冲区的大小取决于喷雾机具的防飘性能，由于循环喷雾机的飘失少，因此可以设置比较小的缓冲区。

（4）对操作人员污染少，因为循环喷雾机喷雾被限定在一定范围内，因此对操作人员的危害少，保证了操作人员的人身安全。

（5）对冠层结构要求高，不能够在支有防虫网的果园中作业。

（6）对操作人员驾驶技术要求高，作业速度受限。

（7）部分机型只能在比较平坦的地区作业。

## 四、循环喷雾机的类型

循环喷雾技术概念提出于 20 世纪 70 年代，概念提出时循环喷雾技术有两种，一种用于大田作物防治杂草，见图 4-1，称为大田用循环喷雾机，另一类用于果园病虫害防治，见图 4-2，称为果园用循环喷雾机。

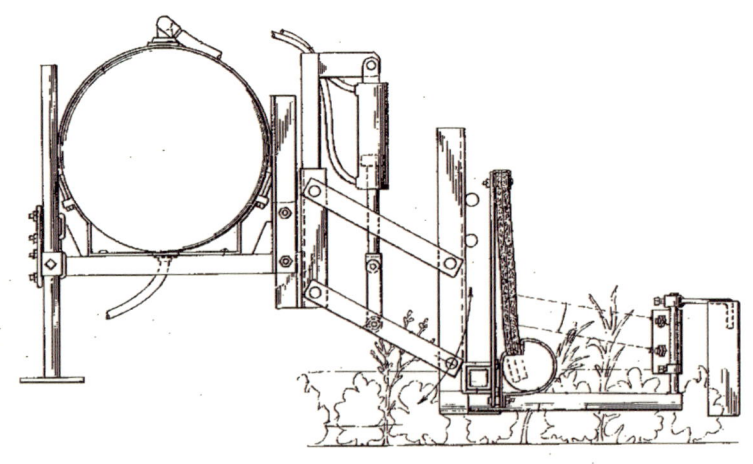

图 4-1　大田用循环喷雾机结构示意

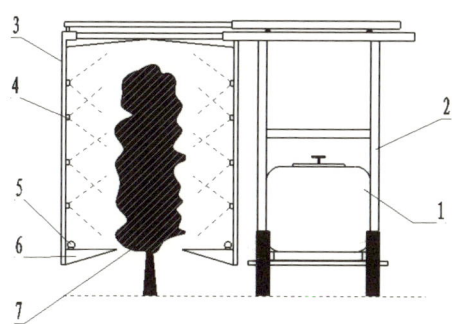 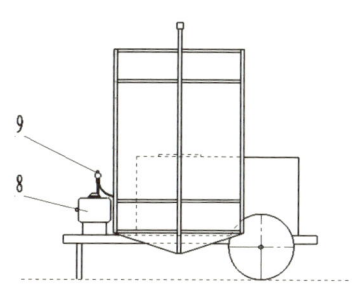

1—药液箱；2—支架；3—雾滴拦截装置；4—喷头；5—药液回收装置；6—承液槽
7—作物冠层；8—液泵；9—管路控制部件

图 4-2　果园用循环喷雾机结构示意

大田用循环喷雾机主要适用于当杂草冠层高于作物冠层时的杂草防控作业。大田用循环喷雾机的喷头位于雾滴拦截装置前方，朝向收集装置喷雾，未沉积到杂草上面的雾滴撞击到拦截装置上面，收集到承液槽中，被回收装置循环回药箱。这种循环喷雾机虽然能够回收一部分药液，但是，随着喷杆喷雾机技术的发展，其优势并不十分突出，因此并没有得到发展。果园用循环喷雾机主要适用于果树、灌木等作物的病虫害防治作业。20世纪70年代开始，欧洲的果树管理开始趋向于篱架式种植，矮化果木种植面积迅速扩大，原来普遍高达4m的果树冠层降低到2.5m以下，冠径也大大减小。果树冠层变矮变小，传统的轴流风机风送式喷雾机已经不适合新的果树冠层的植保作业，而果树冠层的改变使得喷雾可以在冠层两侧同时进行，为循环喷雾技术提供了可行性。果园用循环喷雾机作业时喷雾系统骑跨在果树冠层上两侧同时喷雾，利用药液回收装置拦截并收集未沉

图 4-3　单行作业循环喷雾机

图 4-4　多行作业循环喷雾机

积的药液,将其回收再利用。果园用循环喷雾机从20世纪90年代开始被广泛研究,逐步形成商业化产品销售。本文介绍的循环喷雾机如果没有特殊说明将指果园用循环喷雾机。

循环喷雾机按照挂接方式不同可以分为:悬挂式、牵引式、自走式;按照作业适应性可分为单行、多行;按照有无风送系统可分为风送式循环喷雾机与无风送循环喷雾机(图4-3,图4-4)。

### 五、循环喷雾机的组成

循环喷雾机的主要工作部件包括:液泵、药液箱、搅拌器、管路、管路控制部件、机械控制装置、喷雾系统、药液回收装置、雾滴拦截装置、风送辅助喷雾系统等,循环喷雾机的喷雾系统、药液回收装置、雾滴拦截装置、风送辅助喷雾系统组合在一起共同完成喷雾、拦截、回收,这几部分总称循环喷雾机的工作部分。

#### (一)液泵

主要有隔膜泵和柱塞泵两种。根据药液回收装置不同,液泵的配置也不同,使用泵循环回收的循环喷雾机除了装备一主液泵为喷雾系统供液外,还装配有一个或多个副液泵,用以回收承液槽中的药液,使用射流回收装置的循环喷雾机只装配一主液泵,由于液泵需要为射流回收器提供药液以回收承液槽中的药液,因此常采用大排量液泵。

#### (二)药液箱

药液箱用于盛装药液,药液箱的上方有加液口,装有加液口滤网,下方有出液口,药箱内装有搅拌器,药箱壁上安装有液位指示器,也有部分自动化程度高的循环喷雾机安装有液位传感器。药液箱常用耐农药腐蚀的玻璃钢或聚乙烯塑料制作。

#### (三)搅拌器

循环喷雾机作业时,为使药液箱中的药剂与水充分混合,防止药剂(如可湿性粉剂)沉淀,保证喷出的药液具有均匀一致的浓度,循环喷雾机上装配有搅拌器,搅拌器有机械式、气力式和液力式。气力式和机械式搅拌时会使药液中产生气泡,目前液力式搅拌器的应用比较广泛。

#### (四)管路控制部件

循环喷雾机的管路控制部件一般由调压阀、截止阀、分配阀和压力指示器等组成，新型管路控制部件还安装有流量传感器。管路控制部分按照控制方式可以分手动控制与电动控制两种，手动控制型的管路控制部件其调压阀、截止阀、分配阀的开启都是由手动控制，压力指示器一般是机械式压力表。电动控制型的管路控制部件其截止阀、分配阀的开启由电磁阀控制，调压阀开度变化有电动机控制，由压力传感器和流量传感器指示压力与流量。

### （五）机械控制装置

机械控制装置主要用于调节循环喷雾机作业宽度、作业高度、工作状态等，一般采用液压控制，由液压缸、滑套、液压油管、管路接头、液压控制阀，液压油源由拖拉机提供。在循环喷雾机作业时需要通过机械控制装置将作业系统由运输状态调节到工作状态，部分型号的循环喷雾机在地头转弯时，为了转弯灵活，也需要调节作业系统的状态。

### （六）喷雾系统

循环喷雾机大多采用作物冠层两侧同时喷雾，喷头竖直排列，可以使用圆锥雾喷头、扇形雾喷头、防飘喷头、离心雾化喷头等多种喷头，喷头的位置姿态可以根据冠层特点调整。喷雾系统的配置需要同风送系统、雾滴拦截装置配合，以获得最好的作业效果。

### （七）雾滴拦截装置

循环喷雾机的雾滴拦截装置需要满足下列条件。

（1）雾滴拦截效率高。即尽可能的将不同粒径，不同运动速度，不同运动方向的雾滴拦截；

（2）药液残留少。即在雾滴拦截装置上残留的药液少，便于清洗。

（3）材质轻便、坚固、耐腐蚀、不易损伤作物。为了有效拦截雾滴，一般需要根据冠层结构设计雾滴拦截装置，因此雾滴拦截装置的尺寸较大，所以需要轻质材料，以减少机具自重，降低能量消耗。在循环喷雾机作业的过程中，不可避免的会使雾滴拦截装置与作物冠层接触，因此雾滴拦截装置不能损伤作物的枝条、果实、叶片、嫩梢等结构，并且该装置不能被枝条损坏。雾滴拦截装置与农药接触，因此选择耐腐蚀的材料。

雾滴拦截装置按照拦截机理主要可以分为：软帘式（图4-5）、平板式（图4-6）、栅格式（图4-7）、综合式（图4-8）。软帘式一般采用单层或者多层可透水的柔性材质，软帘底端与承液槽相连，雾滴撞击到软帘上后，在重力的作用下，沿软帘向下流动，收集到承液槽中。由于软帘式材质柔软，因此雾滴不易产生弹跳，对雾滴的捕捉效果好，但是软帘式透水材料，会有大量药液残留在软帘上，不易清洗，因此应用并不广泛。

平板式雾滴拦截装置多采用不锈钢板、耐腐蚀塑料、玻璃钢等轻质、坚固的材料，可以设计成多种形状，平板式雾滴拦击装置的表面光滑，雾滴不易残留，容易清洗，但是高速运动的雾滴撞击到平板上后会发生弹跳，弹跳的雾滴可能会脱离收集区域，当采用风送喷雾系统的时候，夹带雾滴的气流撞击到平板上会产生卷扬涡旋，降低了雾滴拦截装置的拦截效率。

栅格式雾滴拦截装置的结构同化工上普遍采用的除雾器类似，由多个弯曲的栅格组成，栅格间的空隙形成弯曲的通道。当雾滴进入这些通道后，会在惯性的作用下撞击到栅格上，被栅格拦截，而气流则会沿着弯曲的通道从栅格的另一侧吹出，从而起到气液分离的作用，栅格式雾滴拦截装置多应用于具有风送喷雾系统的循环喷雾机，避免了平板式雾滴拦截装置的卷扬涡旋。但是当气流速度较大时，仍然会有部分细小的雾滴在气流的夹带下脱离雾滴拦截装置，从而造成漂失。综合式雾滴拦截装置是栅格与平板的组合，一般在平板前面安装一栅格结构，当夹带雾滴的气流通过栅格后，大部分的雾滴会被栅格拦截，同时由于栅格降低了气流的运动速度，避免了气流撞击到平板上产生的卷扬涡旋，因此通过栅格的那部分雾滴将被平板拦截，综合式雾滴拦截装置集成了平板式与栅格式的优点，雾滴拦截效率最高。

雾滴拦截装置按照形状可以分为隧道式与非隧道式两种，隧道式雾滴拦截装置为"Π"罩盖，喷雾系统与风送系统安装罩盖两侧，药液回收装置安装在"Π"罩盖两侧底端，一般在罩盖前后两段安装软质材料的遮挡，以防止雾滴从罩盖与冠层之间的间隙中逃逸，由于隧道式雾滴拦截装置的特殊结构形式，采用此种方式的循环喷雾机

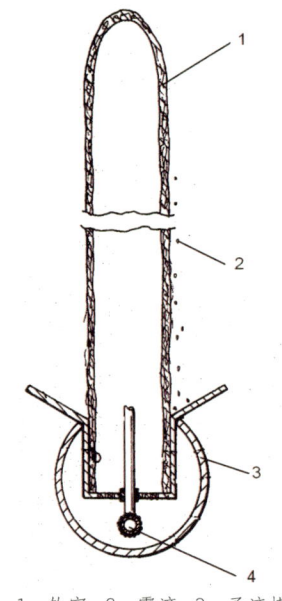

1-软帘；2-雾滴；3-承液槽；
4-药液回收装置

**图 4-5 软帘式雾滴拦截装置**

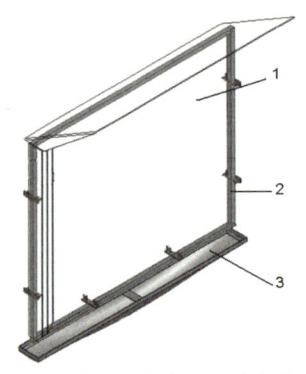

1-平板；2-支架；3-承液槽

**图 4-6 平板式雾滴拦截装置**

隧道式循环喷雾机或"Π"型循环喷雾机（Tunnel Sprayer）。这种循环喷雾机的特点是喷雾在一个相对封闭的空间内完成，限制了易飘失雾滴的运动，雾滴回收效率高，飘失少，缺点是驾驶技术要求高，作业速度较慢，目前市场上的循环喷雾机大多数为隧道式循环喷雾机。

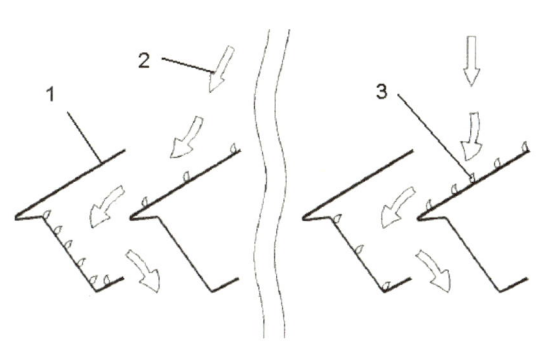

1-栅格；2-气流；3-雾滴

图4-7 栅格式雾滴拦截装置

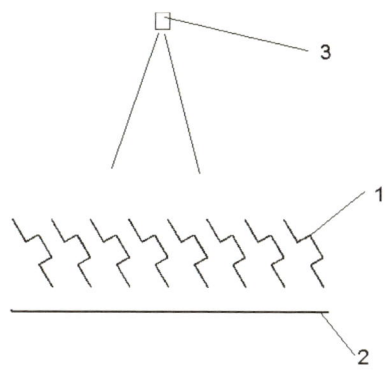

1-栅格；2-平板；3-喷头

图4-8 综合式雾滴拦截装置

### （八）药液回收装置

循环喷雾机的药液回收装置（图4-9）包括承液槽、管路、过滤器、药液回收器组成。作业时，不可避免的会有枝条、叶片等杂物落到承液槽上，因此在承液槽上需要安装过滤网，并在管路上安装过滤器，避免杂物堵塞管路。药液回收方式主要分两种，一种是泵回收，另一种是采用射流回收。泵回收方式具有回收效率高、管路系统简单、对液泵排量要求低等优点，但是需要在循环喷雾机上额外配置液泵吸取承液槽中的药液，机械结构较为复杂，而且需要避免液泵长时间处于干吸状态；射流回收方式采用文丘里原理，由液泵文丘

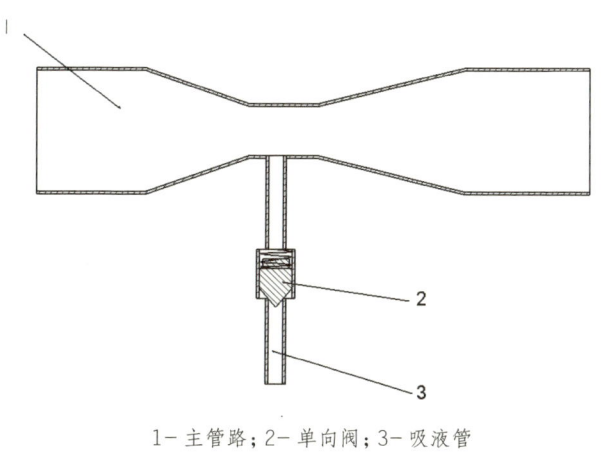

1-主管路；2-单向阀；3-吸液管

图4-9 射流回收装置

里管主路提供药液,在文丘里管内产生负压,从而将承液槽中的药液回收至药箱中。射流回收装置具有结构简单、工作稳定等优点,同泵回收方式比较管路较复杂,液泵配置时除了考虑喷雾系统、搅拌系统的排量需求外,还需要满足药液回收器的排量需求,因此一般需要大排量液泵。目前在循环喷雾机上泵回收方式和射流回收方式都有应用,射流回收方式更为广泛。射流回收装置由主管路、吸液管、单向阀组成,主管路中的药液经过变径时流速增加,压力减小,在变径区形成负压,承液槽中的药液经吸液管进入主管路,经过滤器后循环回药箱,为了防治作业停止后主管路的药液进入承液槽,需要在吸液管上安装单向截止阀。

### (九)风送辅助喷雾系统

当循环喷雾机主要针对冠层较稀疏的作物,可以不采用风送辅助喷雾;当冠层较茂盛时,为了增强雾滴在冠层中的穿透性,增加冠层内部,叶片正反两面的药液沉积,需要采用风送辅助喷雾,而且通过合理配置风送系统参数,在改善药液沉积效果的同时,胁迫未沉积雾滴朝向雾滴拦截装置运动,增加药液循环率,达到减少农药损失的作用。

风送辅助喷雾系统由风机、风道、出风口组成,根据风机配置位置可以分为风机内置式与风机外置式。风机内置式主要采用横流风机、小型轴流风机,由高速液压马达驱动,风机外置式采用大型离心风机或轴流风机,通过风管向循环喷雾机工作部件提供气流,内置风机式的工作部件中气流量较稳定,而外置风机式由外置风机向工作部件中供气,势必有部分气流从较为封闭的工作部件范围内溢出,细小的雾滴会在溢出气流的作用下脱离雾滴收集器的收集范围,造成农药损失。根据气流在循环喷雾机工作部件中的流场可以分为气流循环式与非气流循环式。气流循环式风道较为复杂,但是悬浮在空气中的雾滴可以在循环气流的作用下主动朝向雾滴收集装置运动,雾滴拦截效率高。根据出风口方式可以分为孔洞式、狭缝式、风管式,狭缝式的出口一般安装导流板,可以调整气流方向,风管式的出口一般也可以调整出口气流方向,同狭缝式相比调整自由度更高,可以在

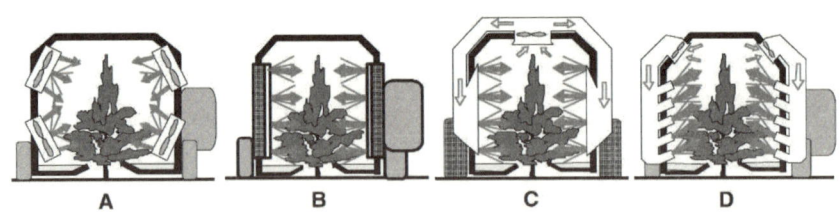

图 4-10 循环喷雾机风送系统示意

前后左右四个方向上调节，而狭缝式一般只能在上下两个方向上调节，而且风管式的定向风送性能更好。

图 4-10 所示是四种循环喷雾机风送系统示意图，A 图所示为内置轴流风机的风送喷雾系统，轴流风机的风送角度是一个非常重要的参数，能够显著影响雾滴在冠层中的沉积状态以及药液回收率。B 图所示为内置横流风机的风送喷雾系统机，一般横流风机在工作部件中交错布置，即一般在喷雾一侧将横流风机布置在雾滴拦截装置前端，在另一侧布置雾滴拦截装置的后端，以避免两侧气流轴线处以同一方向，降低冠层中心位置的气流运动速度，从而减小了药液在冠层内部的沉积量。C 图与 D 图所示均为气流循环式风送喷雾系统，共同点是将隧道式雾滴拦截装置内部作为风道，这也是大多数气流循环式风送喷雾系统所采用的结构，区别是 C 图所示为狭缝式气流出口，不能够改变出风口气流方向，D 图所示为风管式气流出口，气流出口可以根据冠层结构调整。

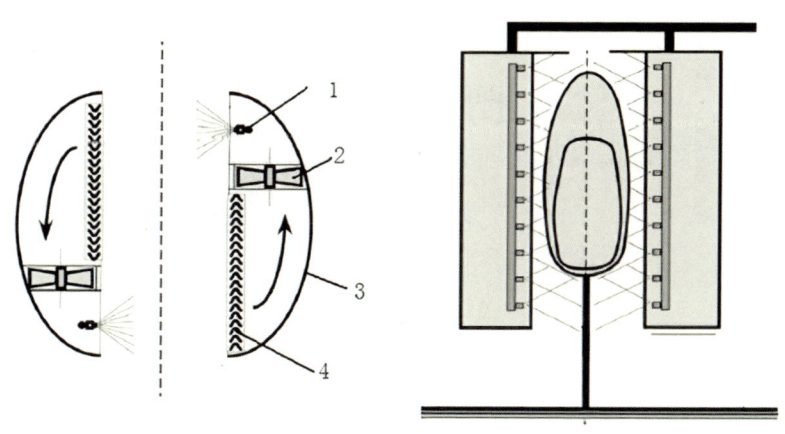

1-喷头；2-轴流风机；3-罩盖；4-栅格

**图 4-11 气流循环式循环喷雾机**

图 4-11 所示为另外一种气流循环式风送喷雾系统，同图 4-10 中的 C、D 两种气流循环式风送喷雾系统不同，这种结构没有在雾滴收集装置中采用内风道结构，两侧轴流风机排风方向相反，吸风端安装有栅格型雾滴拦截装置，出风端固定喷雾系统，气流在轴流风机与弧形罩盖导流的作用下在工作部件中循环，未沉积在靶标上的雾滴，在循环气流的作用下北被栅格型雾滴拦截装置拦截，气液分离后的气流对喷雾系统雾化产生的雾滴风送。

由于隧道式循环喷雾机的特殊隧道式结构，在实际作业时需要避免循环喷雾机对枝条、果实及篱架对循环喷雾机的损害，因此作业速度低，对操作人员的操作技能要求高。为提高循环喷雾机的作业效率，一种非隧道式循环喷雾机被开发出来，如图4-12所示。这种循环喷雾机的风送喷雾系统由风机、风管、风囊组成，风囊分布安装在冠层两侧，内侧风囊与机车前进方向偏转一定角度$\theta$，外侧风囊气流垂直栅格型雾滴拦截装置喷雾，喷雾系统分布安装在两个风囊气流出口处。内侧风囊产生的气流在穿透冠层后被外层风囊的气流拦截，向雾滴拦截装置定向输送，气流中的雾滴被栅格型雾滴拦截装置捕捉，经药液回收装置回收再利用。

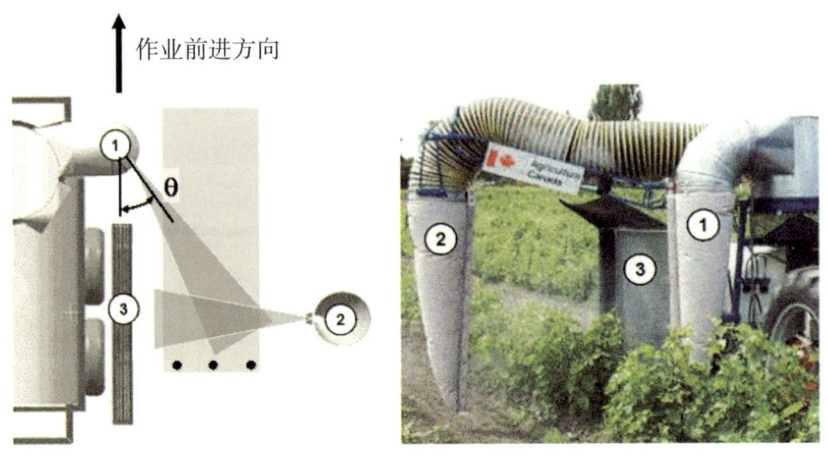

1- 内侧风囊；2- 外侧风囊；3- 栅格型雾滴拦截装置

**图 4-12　非隧道式循环喷雾机**

## 第二节　静电喷雾技术及机械

静电喷雾技术是应用高压静电在喷头与喷雾目标间建立一静电场，而农药液体流经喷头雾化后，通过不同的充电方法被充上电荷，形成群体荷电雾滴，然后在静电场力和其他外力的联合作用下，雾滴做定向运动而吸附在目标的各个部位，达到沉积效率高、雾滴飘移散失少、改善生态环境等良好的性能。静电场作用下的液体雾化机理比较复杂，通常认为：静电作用可以降低液体表面张力，减小雾化阻力，同时，同性电荷间的排斥作用产生与表面张力相反的附加内外压力差，从而提高雾化程度。

## 一、工作原理

静电喷雾的原理带电粒子受电场力的作用,如果带电荷的粒子处于自由运动状态,它就会沿着电场方向即电力线运动。这样如果将喷头施加负电场,那么电力线即从喷嘴出发到靶标物结束。如果喷头施加的负电场足够强大,那么从喷嘴喷出的雾滴或粉粒就带负电,它就沿着电力线运动,故必然会被主动吸附到靶标植物冠的内部(植物体表面带正电,且吸引力很强,为地球引力的 40 倍),附着于植物叶正面和背面。这样就利用静电场的力实现了雾滴或粉粒在植物冠的内部附着,从而成倍地增加了药液或药粉对植物叶面(无论冠内或冠表)的覆盖率和均匀度,其结果是增加了药液或药粉与病虫害接触的机会,提高了喷药效果和降低了用药量。静电场产生的力称为表面力,它与重力不同。能有效利用表面力的粒子或雾滴越小越好,以直径 10~40μm 为最合适。怎样使雾滴或粉粒带电是最关键的问题,目前在静电应用领域中,广泛应用的方法是高压诱导带电和电晕带电。在欧美随着粉剂使用量的不断减少,静电喷药技术研究也转向了液体药。

## 二、主要技术内容

### (一)雾滴的充电过程

雾滴的充电方法主要有电晕充电、感应充电和接触充电三种。

接触充电时,高压静电发生器直接连到液体或金属喷头上,这样液体和地之间形成了类似于电容器的两个极板,产生电场,电荷在药液上积累,使雾滴带电。由于充电药液和地之间距离较大,所以要求充电电压较高,一般 2 万 V 最适宜。

在电晕充电中,高压静电发生器尖端放电,通过电离其周围的空气使雾滴带电。一般尖端电极上的电压超过 2 万 V 才能获得所需要的电场。这种充电方式是药液雾化后在喷头外部充电,高压绝缘性好,可直接应用于现有的普通喷头上。

感应充电时,在雾滴形成区附近,利用电极与药液射流之间的电场使雾滴充电。液体可以接地,药液箱不需要绝缘,但电极必须与药液绝缘,感应充电电压较低,只需几千伏。也可直接应用于现有普通喷头上。

### (二)雾滴充电效果评定参数及测量方法

雾滴的荷电量与雾滴质量之比称为荷质比,荷质比是衡量喷雾器对雾滴充电的重要指标。荷质比越大,则喷雾效果越好,当荷质比为 3~5mC/kg 时,带电雾滴就有较强的静电效果。荷质比测定的方法和手段，目前主要有 3 种：模拟目标法、网状目标法和法拉第筒法。

（1）模拟目标法。即实物模拟，是用金属材料制造模拟实物模型。如通过聚四氟乙烯使除靶标外的所有部分保持有效低电位，并将一尖端插头压进植物茎管，然后通过同轴电缆与电荷集电计连通。当含有标准示踪液的荷电雾滴沉降至靶标上时，通过集电计读出电流值，用荧光分析仪等测得靶标药液沉积量，从而计算出荷质比。

（2）网状目标法。是利用收集沉积雾滴测出流量和微电流值的原理来研究荷质比的方法，即当带电雾滴穿过一系列不同数目的金属筛网时，通过与金属网直接连接的电流表测量电流的方法确定电荷量，同时测出附着在筛网上的沉积量，即可算得荷质比。

（3）法拉第筒法。是传统荷质比测量方法，根据静电感应，利用内外相互绝缘的金属筒，测量电压、电容，计算带电量，同时测量带电体的质量，计算出荷质比。

### 三、静电喷雾的特点

（1）雾滴均匀有效地降低了雾滴尺寸，提高了雾滴谱均匀性，静电电压为 $-20kV$ 时，雾滴尺寸降低约 10%，雾滴谱均匀性提高约 5%。

（2）电荷相同静电喷雾形成的雾滴带有相同的负电荷，在空间运动时相互排斥，不发生凝聚，所以对目标作物覆盖均匀。且尺寸相同雾滴，带电雾滴与叶面有较大的接触面积，作物更容易吸收。

（3）异性电荷带电雾滴的感应使作物的外部产生异性电荷，在电场力的作用下，雾滴快速吸附到作物的正反面，提高了农药在作物上的沉积量，改善了农药沉积的均匀性。农药在作物表面上的沉积量比常规法多 36%，叶子背面农药沉积量比常规法多 31%，作物顶部、中部和根部农药沉积量分布均匀性都有显著提高。从而提高了药剂的利用率，减少了农药的使用量，降低了施药成本。电场力的吸附作用减少了农药的飘移，降低了农药对环境的污染。

（4）持效期长由于带电雾滴在作物上吸附能力强，而且全面均匀，施药率高，所以农药在叶子上黏附牢靠，耐雨淋，有较长的残效期，灭虫效果有较大幅度提高。如野外露天场地上对自由活动的苍蝇进行静电喷雾和常规喷雾 1h 后，静电喷雾的平均杀伤率为 66.6%，而常规喷雾为 36.2%；草原灭蝗发现，静电喷雾在48h后药效已高于标准15%。

（5）条件限制不适用于无导电性的各种农药制剂；另外静电喷雾器械结构较复杂，对材料要求高，成本相对也高；同时对操作人员的要求也较高。

## 四、适用范围

静电喷雾技术具有雾滴尺寸均匀、沉积性能好、飘移损失少、沉降分布均匀、穿透性强等特点，尤其是在植物叶片背面也能附着雾滴等优点。通过多种静电油剂的应用，本项技术可适用于棉花、小麦、蔬菜、果树、林木等作物上的病虫害防治，如棉花虫害：棉铃虫和烟青虫幼虫、伏蚜和螨等；小麦病虫害：黏虫、麦叶蜂、麦蚜、白粉病和锈病、小麦吸浆虫等；蔬菜病虫害：菜青虫、大棚白粉虱、黄瓜霜霉病、黄瓜白粉病、拉美斑潜蝇和美洲斑潜蝇等；果林病虫害：枣尺蠖、枣黏虫、枣食心虫、枣红蜘蛛、枣龟腊蚧、枣霜霉病、枣缩果病、尺蠖类、毛虫类、舞毒蛾、顶梢卷叶蛾、旋纹潜叶蛾、苹果蚜、苹果红蜘蛛等。

## 五、静电喷雾机

### （一）结构组成

静电喷雾机的种类多样，有不同的充电方式，不同的雾化方式，不同的机具结构。按照使用方式可分为手持式静电喷雾器、背负式静电喷雾器、果园静电喷雾机和航空静电喷雾机等。其主要由蓄电池、隔膜泵、高压静电发生器、喷杆、喷头和药箱组成（图4-13）。

### （二）操作要点

（1）每次作业完毕，应倒尽剩余药液，将清洗液经滤网倒入桶体内，对喷雾器进行3~5min清洗性喷雾。

（2）在不进行喷淋操作时，喷枪应搁挂在药桶挂钩上，以保证人身和设备的安全。

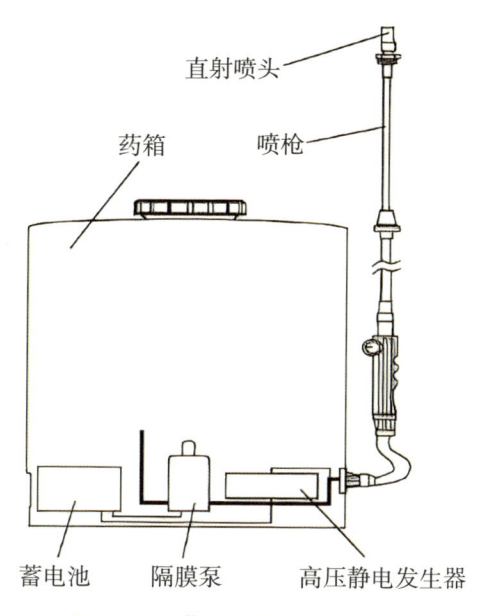

图4-13 背负式静电喷雾机结构

（3）锂电池是静电喷雾器中价格较高的重要部件之一，正确使用、维护和保养将极大地影响电池的使用寿命，请按如下要求操作：使用喷雾器时如果发现喷洒力减弱，应立即关机。应使用随机配置的充电器进行充电。

## 第三节　防飘喷雾技术

### 一、概述

#### （一）农药的飘失

农药飘失是指在喷雾作业过程中，农药雾滴或颗粒被气流携带向非靶标区域的物理运动，是造成农药危害的主要途径之一。农药飘失包括蒸发飘失和随风飘失。蒸发飘失是药液雾滴的活性物质从植物、土壤或其他表面蒸发变成烟雾颗粒，悬浮在大气中作无规则扩散或顺风运动，有时甚至会笼罩大片区域，直至降雨淋落而沉积到地面。在喷雾中和喷雾后都会发生蒸发飘失，主要受环境因素如温度、农药的挥发性影响。随风飘失是指农药雾滴飞离目标的物理运动过程，主要与环境因素如自然风速、农药使用方法和使用技术参数有关。随风飘失的农药雾滴可能仅仅飘移到离喷雾设备数十米的非预定目标，但是小的农药雾滴在沉降到非预定目标之前可能要飞行更远的距离。农药的飘失，不仅影响防治效果、降低农药的利用率，而且严重影响非靶标区敏感作物的生长，污染生态环境，甚至引发人畜中毒（图4-14）。

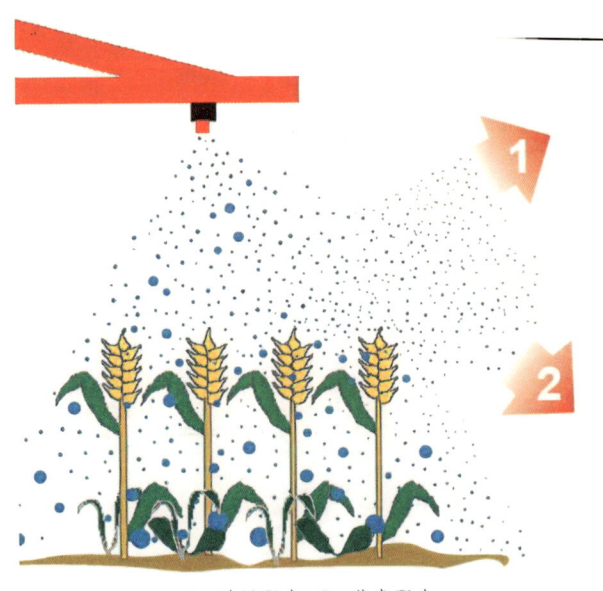

1-随风飘失；2-蒸发飘失

图4-14　雾滴飘失的方式

## (二)减少农药飘失的途径

### 1. 减少易飘失小雾滴的产生

气象因素尤其是施药者不能控制的风速是产生和加剧飘失的重要因素,其他两个重要影响因素是农药剂型和施药参数,包括喷雾机具的正确选择和合理使用。影响飘失最为重要的使用参数是雾滴的大小。农药雾滴的飘移、沉积和覆盖在很大程度上取决于雾化装置产生的雾滴大小范围。细小的雾滴如果能沉积在靶标上,则能获得良好的覆盖和提高防治效果,但小雾滴最容易飘移。而大雾滴虽不容易飘移,但在低容量喷洒时覆盖效果会变差,难以达到满意的防治效果。

当用传统喷雾机具进行大容量喷洒时,尽管小于100μm的雾滴占总容量的比例很少,但其对邻近生物产生的危害有时却会很严重。为此,有多种措施来减少农药雾滴的飘移,归纳起来主要是围绕三个理念:①在不利气象条件下,停止喷雾;②减少小雾滴的产生;③利用机械手段改变小雾滴的运动轨迹,提高其在靶标上的沉积率。

### 2. 缩短雾滴运动距离

除了减少易于飘失的细小雾滴的产生,也可以通过降低喷头高度来减小雾滴在空中运动距离,从而减小雾滴的飘失。在喷杆上加装一支拨杆器把作物推到倾斜状态,即可把喷头降低到离作物5~10cm的高度将药液喷入株冠之中,可以增加雾滴在冠层中的穿透性和沉积性,但是这只适用于谷类作物,而且给喷杆增加

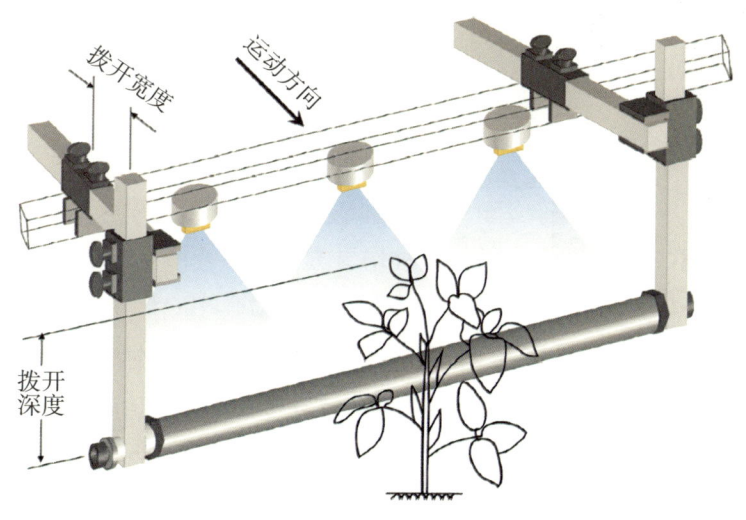

图4-15 冠层拨开器

了很大的负荷。也可以在喷杆下前方安装一个圆管，由此拨开上部冠层，使得药液在作物中、下部冠层的沉积量较常规喷雾有很大的提高，但是只适用于高茬作物，而且会对作物造成一定的损伤（图4-15）。

## 二、防飘喷头

### （一）雾化原理

为防止农药飘移污染及农药飘移给邻近敏感作物产生药害问题，研制出了一系列可以防止农药雾滴飘移的喷头，其基本原理是尽量减少喷头细小雾滴（100μm以下）的数量，使雾滴相对较粗，雾滴谱均匀。

利用大直径雾滴在对靶标运行时不易飘失的原理，喷头雾化的雾滴较大，雾滴谱较窄，特别是防飘、低飘喷头采用射流原理，在喷头体内气液两相流进行混合，经喷头喷出的是一个个液包气的"小气球"，每一个这样的"小气球"在达到靶标时，经作物叶面上的纤毛刺破和和叶面的动量作用下，进行第二次雾化，得到更小的雾滴和较大的覆盖密度，防飘喷头的出现被称之为植保行业的"喷头革命"。

### （二）分类

#### 1. 导流式喷头（D）

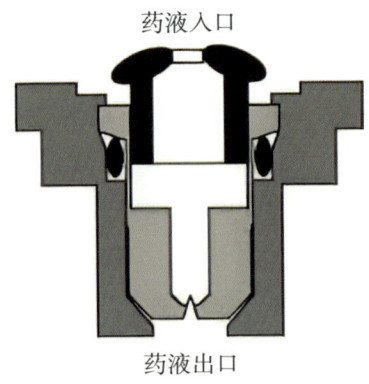

图4-16 导流式喷头

导流式喷头也称激射式或撞击式喷头，它的工作压力是1~1.5bar，射流液体撞击到表面后扩展形成液膜，根据撞击表面的角度和形状，液膜形成一定的角度。这种喷头可以形成较宽的喷幅，在较低的工作压力下，能得到雾滴直径为200~400μm的大雾滴，这特别适合除草剂的喷施。撞击式喷头（图4-16）也是一种扇形雾喷头，药液从收缩型的圆锥喷孔喷出，即沿着与喷孔中心近于垂直的扇形平面延展，使成扇形液面，该喷头的喷雾量较大，雾滴较粗，飘移较少。

#### 2. 防飘移扇形雾喷头（RD,AD等）

这类喷头与标准扇形雾喷头相比，外形尺寸不变，但内部构造有很大不同，标准型内部为直通道，药液直接流向喷孔喷出，而防飘喷头内部在喷嘴喷孔之前，均增加有前置小孔口及混合室（图4-17），用以减少喷出之前的药液流速和压力，而且喷嘴喷孔也较大，从而显著减少小雾滴的产生。一般地，能比标准型减少100μm以下的雾滴50%~80%，这类喷头的特点是减少了雾滴飘移。当使用防飘喷头时，如果规定的工作压力不能维持稳定，就会影响喷雾质量。

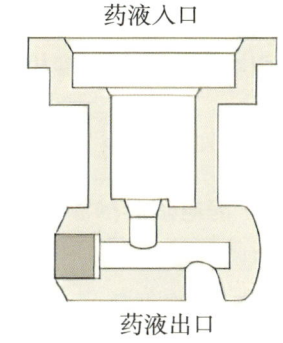

图4-17 防飘扇形雾喷头

### 3. 射流喷头（ID,IDK）

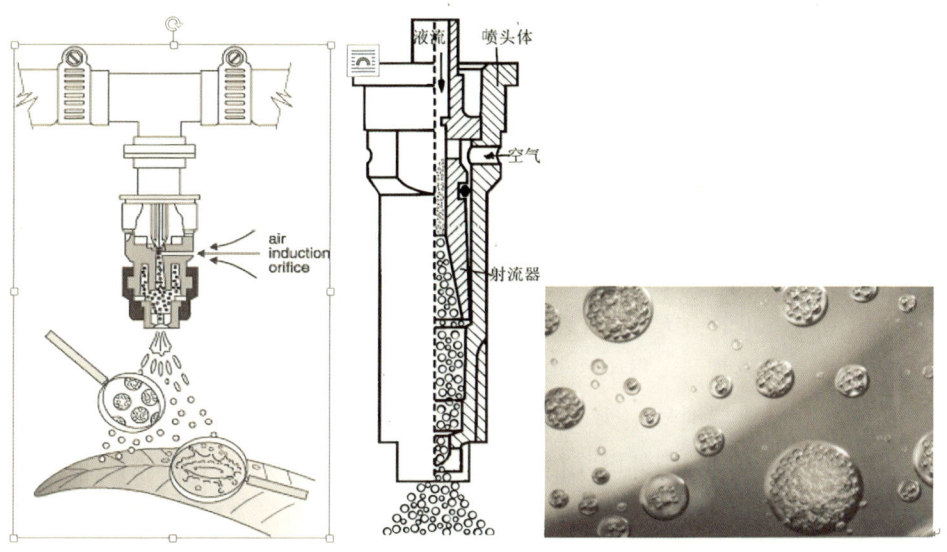

图4-18 射流喷头工作原理及雾化效果

这类喷头由两部分组成，下部为圆锥雾或扇形雾喷嘴，上部为射流混合部件，其特点是在喷头的进液口处开有1~2个小孔，用以吸进空气。其工作原理是：利用文丘里原理，当高压药液进入喷头，流经空气孔时会产生负压，这样药液就会吸进空气并产生气泡，经喷孔后形成带气泡的雾滴（图4-18）。由于"液包气"雾滴的体积变大，不易漂移。当雾滴到达作物表面时，含有气泡的雾滴与作物表面发生撞击，并破碎成细雾滴，再一次雾化。但这类喷头必须在较高的压力下，才能保证雾化质量，如ID、IDK喷头的最佳工作压力分别为5~8bar、

1.5~3bar，可以减少雾滴飘失90%以上。这类喷头价格相对昂贵，目前在欧美国家常用在大田喷杆喷雾机和果园风送式喷雾机上。

## 三、静电喷雾技术

### （一）静电喷雾的原理

静电喷雾技术是应用高压静电在喷头与喷雾目标间建立一个静电场，而农药液体流经喷头雾化后，通过不同的充电方法被充上电荷，形成群体荷电雾滴，然后在静电场力和其他外力的联合作用下，雾滴作定向运动而吸附在目标的各个部位，达到沉积效率高、雾滴飘失少、改善生态环境等良好的性能。静电场作用下的液体雾化机理比较复杂，通常认为静电作用可以降低液体表面张力，减小雾化阻力，同时，同性电荷间的排斥作用产生与表面张力相反的附加内外压力差，从而提高雾化程度。

两个电荷之间的作用力叫库仑力，用公式表示：

$F=qE$（$F$是力，$q$是电荷，$E$是该点的电场强度）。

带电粒子受电场方向的力之作用，如果带电荷$q$的粒子处于自由运动状态，它就会沿着电场方向即电力线运动，这样如果将喷头施加负电场，那么电力线即从喷头出发到靶标物结束，由于电力线具有穿透性，故它可以穿入靶标物的内部（如树冠内部）。如果喷头施加的负电场足够强大，那么从喷嘴喷出的雾滴所带静电为负电荷，电荷很小，吸引力也很小、而植物表面的静电为正电荷，这些正电荷（吸引力很强，是地球引力的40倍）把雾滴强拉到植物表面，附着于植物叶正面和背面。这就是利用静电场的力实现雾滴在植物冠层的内部附着，从而成倍地增加了药液或药粉对植物叶面（无论冠内或冠表）的覆盖率和均匀度，其结果是增加了药液与病虫害接触的机会，提高了药液防治效果，并降低了用药量。

### （二）充电方式

**1. 电晕充电法**

用静电高压电晕使雾滴带电。即把L1和L2接地，L3接高压正极电源，尖端电极4将产生足以使周围空气电离的局部强电场（图4-19），从而对正在雾化的雾滴进行充电。

**2. 接触式充电法**

静电高电压直接置于液体中，经喷头喷出后即成带电水雾。即把L1接高压正极电源，去掉感应极环3和尖端电极4，电荷由导体直接对正在雾化的雾滴进行充电；

### 3. 感应式充电法

在外部电压电场作用下，使液体在喷嘴出口形成水雾的瞬间，根据静电感应原理，使喷出的雾滴带有与外部电场电荷极性相反的电荷。即在 L1 和 L2 之间加一电源，把尖端电极 4 去掉，在喷头 1 和感应极环 3 之间的电场使电荷绕回路流动，正电荷聚积在感应极环上，负电荷聚积在喷头和喷液流束上。这个电场便对正在雾化的雾滴进行充电。图 4-19 为充电装置工作原理示意图。

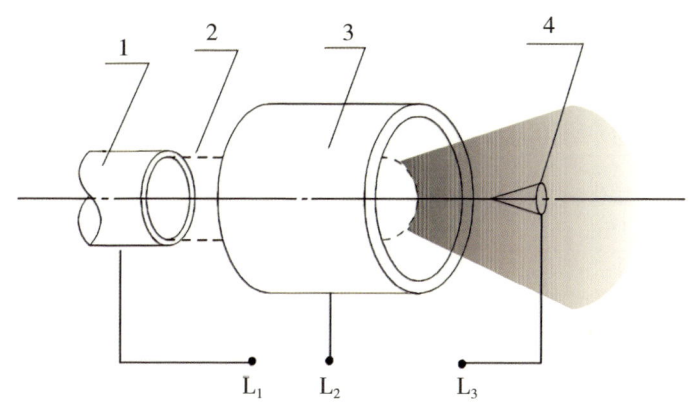

1- 喷头；2- 喷液流束；3- 感应极环；4- 尖端电极

图 4-19　充电装置工作原理示意

### （三）静电喷雾的特点

静电喷雾在工农业生产，如静电喷涂、静电喷雾冷却、除尘、灭火、燃烧、及静电农药喷洒等方面得到广泛的应用。实验与研究表明：静电在均匀、细化雾滴及提高雾滴在目标物的沉积量、均匀性、吸附性等方面有明显效果。

静电喷雾具有以下特点。

#### 1. 雾滴均匀

有效地降低雾滴尺寸，提高雾滴谱均匀性，静电电压为 -20kV 时，雾滴尺寸降低约 10%，雾滴谱均匀性提高约 5%。

#### 2. 电荷相同

静电喷雾形成的雾滴带有相同的负电荷，在空间运动中相互排斥，不发生凝聚，所以对目标作物覆盖均匀。且相同尺寸的雾滴，带电雾滴与叶面有较大的接触面积，作物更容易吸收。

### 3. 异性电荷

带电雾滴的感应使作物的外部产生异性电荷，在电场力的作用下，雾滴快速吸附到作物的正反面，提高了农药在作物上的沉积量，改善了农药沉积的均匀性。农药在作物表面上的沉积量比常规法多36%，叶子背面农药沉积量比常规法多31%，作物顶部、中部和根部农药沉积量分布均匀性都有显著提高，从而提高药剂的利用率，减少农药的使用量，降低施药成本。电场力的吸附作用减少了农药的飘移，降低了农药对环境的污染。

### 4. 持效期长

由于带电雾滴在作物上吸附能力强，而且全面均匀，施药率高，所以农药在叶子上粘附牢靠，耐雨淋，有较长的残效期。灭虫效果有较大幅度提高。如野外露天场地上对自由活动的苍蝇进行静电喷雾和常规喷雾1h后，静电喷雾的平均杀伤率为66.6%，而常规喷雾为36.2%；草原灭蝗发现，静电喷雾在48小时后药效已高于标准15%。

### 5. 条件限制

不适用于无导电性的各种农药制剂；另外静电喷雾器械结构较复杂，对材料要求高，成本相对也高；同时对操作人员的要求也较高。

## （四）静电喷雾技术在农业中的应用

### 1. 中小型静电喷雾技术

机动弥雾喷粉机是我国发展非常迅速的一种机型，在林区及农田病虫害防治中的保有量很大，具有适应性广、使用方便等特点，根据现有超低量喷雾技术和我国静电喷雾研究进展，以及林木病虫害防治特点，开发的适于林木病虫害防治的中小型静电喷雾装备可以用于价格较高的广谱性农药和缓释性农药，并且高射程静电喷雾技术可以解决高大树木防治效果不佳的问题。

### 2. 静电喷雾用于林业化学除草

林业化学除草的应用领域不断拓展，在直播造林整地、幼林抚育、森林苗圃除草、林分改造、人工林促进更新和防火带开辟等方面已基本推广应用。把除草剂投放到适当的部位或正确的范围，以利于杂草的吸收，它关系到除草剂使用的安全有效和经济性问题。目前的方法主要有茎叶处理和土壤封闭处理，这两种处理均可采用喷雾技术，如常量喷雾、超低量喷雾等。现在有的除草剂是播前混入土中或播后出苗前施用的，因此土壤处理法乃是除草剂施用的主要方法，但由于种种原因，除草剂在田间的水平沉积量分布很不均匀。由于几乎所有的除草剂的水溶度都很低，依靠水的溶解而扩散是很小的，而主要依靠良好的喷雾技术、地面状况以及辅助于土壤液相和气相的移动。而静电喷雾技术能提高喷射雾滴水平沉积量的均匀性，新一代的除草剂静电喷洒机具可以提高除草剂的使用效果。

### 3. 航空静电喷雾技术

飞机在克服地形限制以及进行大面积喷洒作业方面发挥了重要的作用，但常规航空喷洒作业存在最大的不足是受气候影响大和飘移损失大。中小粒径的气雾在防治病虫害方面有许多优点，但这种气雾的总回收率很低，即药液飘失严重、不利于环境保护，而静电喷雾与航空应用结合，具有其独特的优点：①借助于静电力，增强了喷雾粒子对预定目标的吸附；②由于电场力作用，加速了农药雾滴向下运动，减少了雾滴飘移。

### 4. 果园静电喷雾技术

由于果园的特殊环境，发展果园专用喷雾机具有一定的意义。果园喷雾机大多采用风送喷雾技术，为少受气候影响和减轻对紧邻果园的农庄、水源或作物的污染问题，研制了果园静电喷雾机，它是利用气流将农药雾化后，通过感应充电方法使雾滴充上电荷后由气流输送，能提高药液在果树叶片尤其是背面的沉积，减少飘失。

## 四、辅助气流喷雾技术

利用气流辅助技术，克服在喷雾机作业过程中喷头附近引起飘失的气流或涡流。辅助气流喷雾技术是通过在喷杆喷雾机上装配一种风罩，利用风罩产生的下行气流把农药雾滴强制喷入作物冠层中，可大幅度降低农药飘失量，增加雾滴的

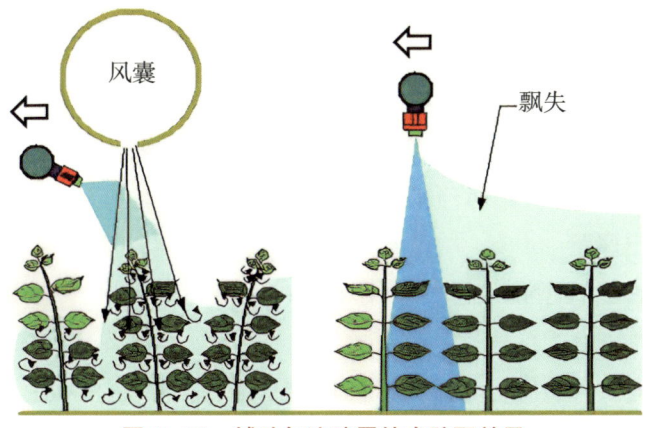

图 4-20　辅助气流喷雾技术防飘效果

沉积及分布的均匀性，但如果是针对裸露的地表或作物生长初期，反而因气流撞击地面后的反弹会增大雾滴的飘移，造成损失。尽管气流辅助技术已经证明能有效地增加沉积并减少飘失，但因机具成本太高，目前这种机具的商业化应用还不是很普遍，尤其在中小型喷雾机上难以实现（图4-20）。

下面以水田风送低量喷杆喷雾机为例，介绍一下辅助气流喷雾技术。

### （一）风送式喷雾机的结构组成

水田风送低量喷杆喷雾机主要由机架、药箱、液泵、风机及出风管、喷杆及折叠机构、低量喷头及管路系统、喷幅标识系统等组成，如图4-21所示，喷雾机整机与水田四轮驱动通用底盘配套悬挂联结。

#### 1. 药箱

药液箱的总容积为200L，由两个分置于通用底盘驾驶座两侧且相互连通的分药液箱组成，每个分药液箱的容积为100L。药箱上设置液位指示器，方便操作者观察。药液箱底部设有搅拌装置，以达到药剂均匀混合的目的。

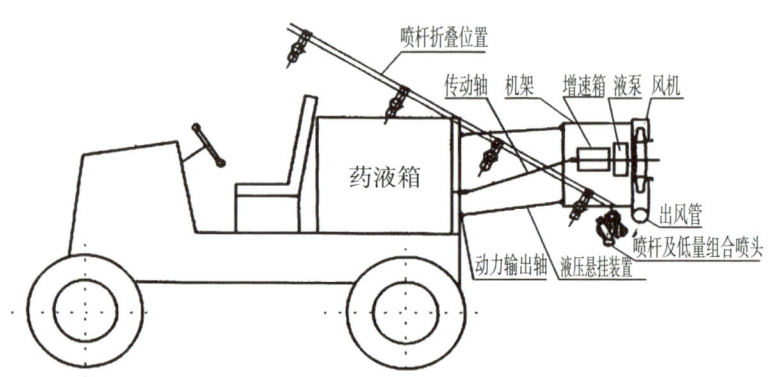

图4-21　水田风送低量喷杆喷雾机整体结构

#### 2. 轻型液泵

为了便于水田作业，使用小型高速漩涡泵。液泵排出的药液除了供喷头喷雾外，多余药液回流至药液箱对药箱中的药液进行搅拌。

#### 3. 风机与出风管

为实现机具的轻型化设计，使用小型高速离心式风机。这种风机的风压较高，有利于提高气流的穿透性，改善雾滴附着效果。出风管沿喷杆布置，位于喷头后方，便于将喷头喷出的雾滴及时向作物吹送；材料选用优质薄膜软管，重量轻，便于折叠（图4-22）。

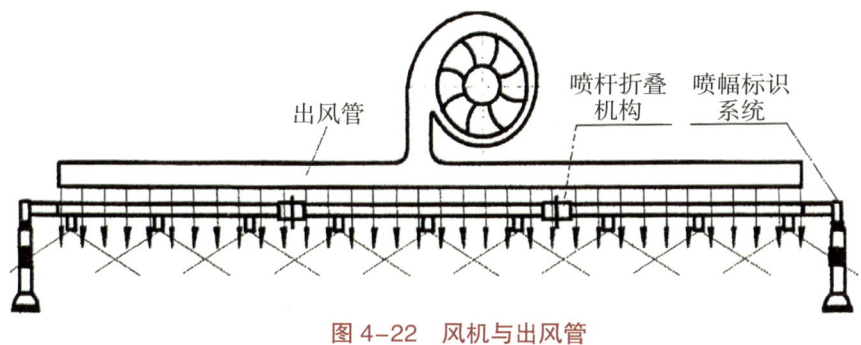

图 4-22 风机与出风管

### 4. 增速箱

由于通用底盘上动力输出轴的转速较低，与液泵、风机的工作转速相差甚远，因此喷雾机需设置增速装置，将动力输出轴的转速提高到液泵和风机相应的工作转速。

**（二）辅助气流喷雾技术的特点**

（1）可以有效地减少农药使用量，降低生产成本，提高防治效果。在气流的作用下，作物叶片发生翻动，雾滴的穿透能力得到加强，雾滴可以深入作物内部，对于稠密作物中下部的病虫害有很好的防治效果。

（2）有利于促进低量喷雾技术的推广应用。以气流作为载体将雾滴吹向目标物，减少了细小雾滴的飘移，为实现低量喷雾提供了保障。

（3）提高了喷雾机的作业生产率。在气流吹送下，细小雾滴的飘移现象大大减少，因此喷雾机可以在较高的前进速度下喷雾而减小雾滴飘移现象。

（4）对喷雾环境要求低，时效性好。在一定的自然风速下能进行可靠的喷雾作业。即使在温度高和湿度低的情况下也可进行喷雾作业。

## 五、罩盖喷雾技术

采用罩盖技术被认为将是一种有效而经济的选择。罩盖喷雾通过在喷头附近安装导流装置来改变喷头周围气流的速度和方向，使气流的运动更利于雾滴的沉降，增加雾滴在作物冠层的沉积，减少雾滴向非靶标区域飘移，达到减少雾滴飘移的目的。

农药的使用效果与药液雾滴的直径紧密相关。小雾滴在病虫害防治上有独特效果，其附着性好，覆盖均匀，但极容易飘失，如果采用增大雾滴直径的方法来达到减少雾滴飘移的目的，在病虫害防治上是不合适的。因此，采用改变雾滴的运动轨迹来减少雾滴飘移是一个很好的办法。辅助气流和静电喷雾在一定程度上是通过改变雾滴运动轨迹来减少飘移的,但使用上存在一定的局限性、结构复杂和价格昂贵。而罩盖喷雾结构简单、投入少,在很多应用领域需要罩盖喷雾技术:如玉米地行间喷施除草剂、间套作种植模式的病虫害防治、高尔夫球场以及城市绿地的病虫害防治等。罩盖不仅可以引导气流增加雾滴沉积,同时可以隔离靶标和周围作物,减少农药对周围敏感作物的药害。

### (一)罩盖结构的种类

从罩盖的形式,可分为气力式罩盖喷雾和机械式罩盖喷雾。气力式罩盖有风帘、风幕、气囊等形式。它是通过外加风机产生的气流来改变雾滴的运动轨迹,达到减少雾滴飘失的效果。如图4-23所述的辅助气流喷雾技术就属于气力式罩盖喷雾。

机械式罩盖即安装罩盖胁迫气流改变运动轨迹和气流流场,达到防飘的效果。机械式罩盖的材料可有金属、塑料、网状、栅格等。罩盖结构从罩盖的形式可分为半封闭式罩盖(图4-23)和封闭式罩盖(图4-24)。

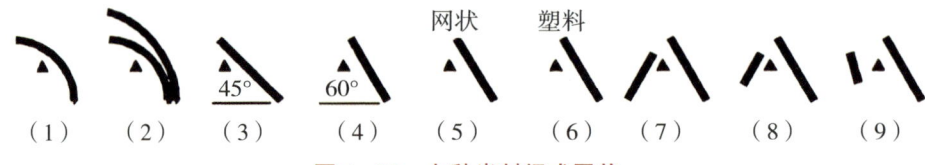

图4-23 九种半封闭式罩盖

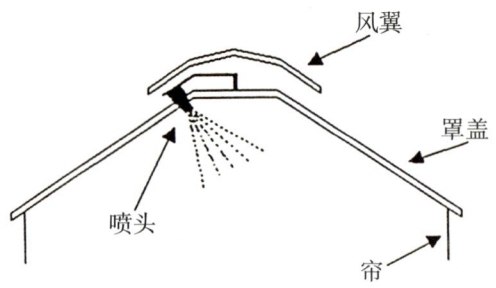

图4-24 封闭式罩盖

从罩盖与喷头安装的相对位置可分为前挡型、后挡型、前后双挡型。

前挡型即罩盖安装在喷头的前方,作业过程中改变喷头前方的气流运动轨迹从而改变喷头周围的流场(图4-25)。

后挡型即罩盖安装在喷头的后方，对气流有引导的作用。如图4-23中的图6为后挡型罩盖。

前后双挡型即在喷头的前后都安装罩盖，减弱气流上游对雾流的作用，减小雾流前方气流速度，而达到减少飘失的效果。如图4-23中图9为前后双挡型罩盖。

从罩盖的形状可分为挡板型和圆弧罩盖型。如图4-23中的图9即为挡板型。圆弧罩盖有单圆弧罩盖（图4-23中的第一种）、双圆弧罩盖（图4-23中的第二种）、对称双圆弧罩盖、对称三圆弧罩盖（图4-26）。对称多圆弧罩盖是通过罩盖形成风道，而对雾滴风送，防飘原理类似于气力式罩盖，所以属于气流输送型。

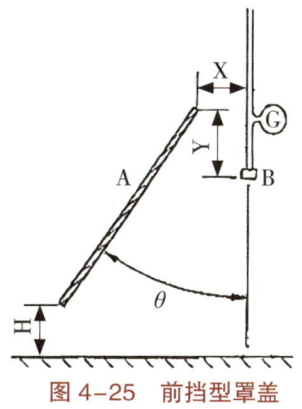

图4-25 前挡型罩盖

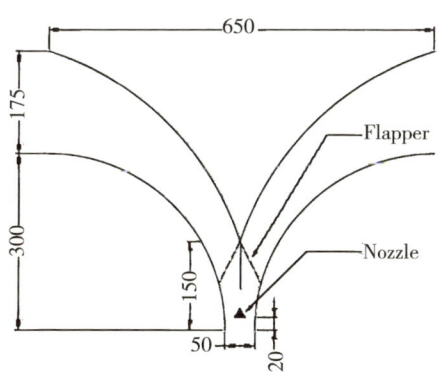
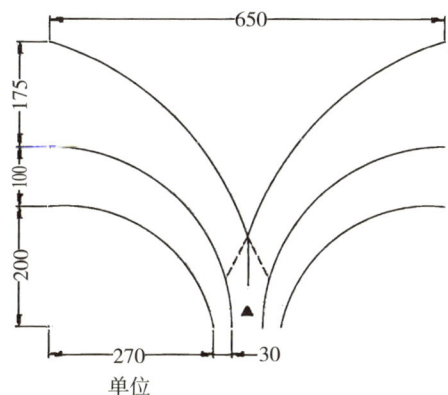

单位

图4-26 多圆弧罩盖

### （二）罩盖防飘原理

前挡型和封闭型防飘机理相同，都是通过罩盖结构减弱气流上游对雾流的作用，减小雾流前方气流速度，而达到减少飘失的效果。前挡型罩盖使得罩盖后方或者内部形成一个低压区域，在此区域内气流紊流强度很高，容易形成乱流，细小雾滴会因为紊流作用而附着在罩盖壁面上流失到地面，造成局部药害，同时也容易被罩盖底部的快速气流卷吸出罩盖而形成飘失。后挡型罩盖主要是对气流引导，使水平来流朝向靶标运动，胁迫气流中的雾滴沉积，同时因为罩盖的阻挡作用使得罩盖前方的气流速度减小，进一步增强防飘效果。后挡型罩盖虽然减弱了作用于雾流的速度,但是气流还是有足够的能量将雾流中的细小雾滴吹出,因此后挡型罩盖所引导的气流中夹带着大量的细小雾滴,由于罩盖阻挡作用使气流在罩盖周围绕流,结果造成在罩盖底部与靶标之间区域的水平气流速度很大,消弱了罩盖对气流的胁迫作用,所以还是会有部分雾滴飘失。双圆弧罩盖主要是通过双圆弧结构形成一个风道,进一步增加气流的胁迫作用,因此较单圆弧结构能够提高罩盖的防飘性能。虽然双圆弧罩盖能够有效的减少飘失,但是气流还是先将雾流中的细小雾滴吹出,然后再被罩盖引导,所以防飘效果还不是最优。理想的罩盖应该与气力式罩盖类似,使作用于喷雾扇面上的气流向靶标运动,输送雾滴沉积,对称多圆弧罩盖就实现了这一原理,但是由于其结构庞大、复杂丧失了实用性。

# 第五章 农作物秸秆综合利用技术

农作物秸秆是农业生产系统中一项重要的生物资源,是当今世界上仅次于煤炭、石油和天然气的第四大能源。据统计,农业投入要素的50%左右转化为农作物秸秆,秸秆中含有大量的营养物质,碳、氮、磷和钾的平均含量分别为44.22%、0.62%、0.25%和1.44%,还含有钙、镁、铁、硫、硅等中微元素,其资源化利用潜力巨大,秸秆资源的浪费实质上就是耕地、水资源和农业投入品的浪费。近年来,国内外农作物秸秆综合利用技术和相关的研究项目有了较大的发展,农作物秸秆的资源化利用正在进入科学化的新阶段,合理利用和推广这些技术,必将产生良好的经济、生态和社会效益。

我国农作物秸秆综合利用目前主要有5种利用途径:其一为饲料化,喂畜禽;其二为肥料化,施于田;其三为能源化,大多用于燃烧或经气化、沼化集中供燃;其四为基料化,用于制作菌棒和栽培基质;其五为原料化,用于制作工业纸浆、新型建材板等。秸秆捡拾打捆机械化技术又是5种综合利用技术的基础。

## 第一节 秸秆捡拾打捆机械化技术

### 一、技术内容

近年来,随着我国畜牧业的发展,市场对农作物秸秆捆和草捆的需求量日益增加。采用机械化打捆是一种非常方便的秸秆收集方式,尤其是在田间运行作业的各类秸秆捡拾打捆机,能自动完成小麦、水稻等作物秸秆的捡拾、压捆、捆扎、打结和放铺一系列作业,将散乱于田间的秸秆经机械捡拾和打捆机构压制成捆,以便运输、加工和贮存。

农作物秸秆捡拾打捆机械化技术,是利用秸秆捡拾打捆设备将农作物(小麦、玉米)秸秆进行机械化打捆收集,主要通过捡拾机构、卷压滚筒机构、绕绳机构和放捆机构自动完成软茎草类(小麦、水稻秸秆等)的捡拾、成型、打捆和放捆过程。打捆收集后的秸秆便于运输和存放,并作为资源再利用。农作物秸秆捡拾打捆机械化技术不但可以提高秸秆收集的作业效率,减少作业时间,也是秸秆资源化再利用,减少秸秆焚烧,增加农民收入的基础保证。

## 二、机具配套

### (一)打捆机

打捆机的装置由机身、传动机构、喂料机构、密度调节机构、压秸秆活塞机构、秸秆捆长度控制机构及行走机构组成。工作时由电动机(或内燃机)通过传动机构带动连杆驱动喂料压板和活塞作往复运动;适量物料通过进料口、在喂料压板的作用下,进入储草腔内,再由压杆活塞推入并被压紧前进。当达到料捆长度时,将隔离板插入储草腔内,之后随物料前行,待该板走出储草腔后,即可用绳带捆绑料捆,出机待用。打捆时自动引绳,自动拾取秸秆作物,自动打捆,自动切绳,通过对槽轮大小的调整,来改变打捆时的绳圈和秸秆捆密度,使秸秆捆不散、不凌乱。成形后的秸秆捆体积小而紧密,便于运输和贮存。

秸秆打捆机有多种分类方法。按照打捆的形状分类,可分为方捆打捆机(包括小型方捆机、中型方捆机、大型方捆机)和圆捆打捆机两种类型;按照作业方法分类,可分为移动式打捆机和固定式打捆机,固定式打捆机又可分为卧式打捆机和立式打捆机。

小方捆打捆机(图 5-1)是一种新型高效正牵引方草捆捡拾打捆机。与传统方捆机(侧牵引)相比,整机具有对称纵轴线,行驶稳定性好,容易牵引,能适应在小块和不规则地块上作业。采用宽型低平弹齿滚筒式捡拾器,两侧配有仿形轮,降低草条漏捡的损失。打捆室和穿针离地间隙大,在低畦地段作业,穿针不会碰地。捡拾器配有仿形轮,可以在低洼不平的地段作业。

图 5-1  9YFQ-1.9 小方捆打捆机

大方捆打捆机（图 5-2）打捆尺寸 1.2m×0.9m。捡拾器宽 2.35m，可实现较宽的作业范围。采用高效压辊拾取作物，将其喂入液压控制的齿耙。大方捆较小方捆后续收集效率高。

图 5-2　QUADRANT 3300RC 大方捆打捆机

## （二）秸秆堆垛车

秸秆捡拾堆垛车（图 5-3）是一种草捆收获机械，由拖拉机牵引，一名驾驶员无须离开驾驶室就可以完成自动捡拾、集载、运输和堆垛等全部工序，从而代替繁重的人工捡拾、堆垛工作。

图 5-3　1037 草捆捡拾堆垛机

### (三)秸秆机械装载臂

秸秆机械装载臂是一种拖拉机前置机械臂,安装在拖拉机的前端,可拆卸,也可根据不同作业情况更换草叉、料斗等作业配件,以实现装载、转运等功能。前置机械臂的安装使用,不影响拖拉机正常的挂接作业,还提高了拖拉机的利用率(图5-4)。

图5-4　F15 Combi 秸秆机械装载臂

## 三、操作规范

### (一)打捆机

(1)打捆机在使用前,一定要进行必要的调整,其中包括:绕绳机构、捡拾器高度、捡拾器和喂入辊间隙、链条的松紧度、草捆松紧度等部位的调整,检查各零部件运转情况是否正常,若有异常,应停机检修。

(2)当打捆机液压管与拖拉机液压输出端连接后,检查液压管路是否有泄漏,禁止在液压油管有压力的情况下插拔油管。

(3)主机与打捆机的连接。限位臂要连接妥当,过松起不到限位的作用,拐弯抹角,限位臂容易磨主机的后轮胎,摆动幅度过大,也容易造成自身零件的损坏,过紧拐弯角度增大,地头转向时也容易别毁拾草耙。

(4)打捆机在使用过程中,严禁捡拾器弹齿耙地,注意观察打捆机工作状况提示，按使用说明书规定操作，特别应注意的事：草捆达到设定要求时，要立即使车辆停止前进，同时控制油门保持不变，让动力输出轴继续转动，进行草捆捆扎，捆扎工作完成后，打捆机开启成型室后门卸下草捆，完成打捆作业。

（5）捡拾打捆的过程中动力机械的行驶速度可稍微放快，小四轮带动时以2挡为宜。

（6）当秸秆湿度较大，易于捡拾打捆，可调低密度孔，当秸秆较干，易碎，不易捡拾喂入，应调高密度孔。

（7）可以通过调整捆绳的圈数，来捆扎秸秆捆。麦秸干，增加圈数，麦秸湿，减小圈数。调到大轮上，捆绳圈数较多，10道绳。调到小轮上，圈数较少，7道绳。

（8）捆绳入绳的长度，以绳头刚好接触到刀片为宜。

（9）打捆机作业时遇到堵塞情况，要关闭发动机，切断动力后再清除。打捆机在卸草时，后面严禁站人，以免挤伤或碰伤。

（10）保护螺丝及刀片应随车配备，以免耽误工时。

（11）打捆机在维修保养时，必须切断发动机动力输出。

（12）拖拉机牵引打捆机在公路上行驶，要注意行车安全，确保动力输出被切断。

（13）遇到捆绳不入时，首先检查绳子是否因为质量问题被缠住，例如结头过大，毛头过大，其次检查绳子入口处秸秆密度，若密度不够高，则绳子与秸秆的摩擦力不够大，这时可以让打捆机多进料，以增大绳子入口处的摩擦力，促使绳子喂入。

（14）保护螺丝扭断的原因。当打捆机吃满秸秆后，报警器没报警，秸秆就会堆堵在入口处，此时若继续行走，就会造成保护螺丝的扭断。

（15）绳子该断的不断，可能因为刀片磨钝，应更换刀片。

**（二）秸秆堆垛车**

（1）对捡拾堆垛车进行全面检测、调整和保养。在使用前必须加注齿轮油。

（2）检查配套拖拉机的技术状态，操作是否灵活、可靠。配套拖拉机动力应在50马力以上。

（3）按照要求调整好堆垛车的位置，正确与拖拉机悬挂连接。

（4）做好与秸秆捡拾打捆机的配套检查工作，根据打捆机打好的草捆长度，调整捡拾堆垛车装载货架间距（间距＝草捆长度×3）。

（5）进行试运转，检测各项运动件是否灵活可靠，各项工作是否符合要求，整机运动状态是否良好，如有不当，及时调整，达到正常工作状态。

（6）操作拖拉机，缓慢将草捆对准捡拾堆垛车进料口，匀速前进，使草捆准确进入齿轮传送系统。

（7）机手注意观察草捆输送情况，当齿轮传送系统装满 3 捆后，减速缓行，确保草捆翻入装载货架后才可继续收集作业。

（8）一旦出现草捆堵塞或翻倒等情况，及时停机处理。

（9）地头转弯时要减速，防止草捆堆翻倒，并注意留出捡拾堆垛车转弯的安全距离。

（10）如遇沟埂或道路上运输，需减速慢行，防止草捆堆翻倒。

（11）检查捡拾堆垛车时必须切断动力，待设备稳定停止后进行。

（12）工作时，禁止在设备周围行走；运输时，运载货架内禁止站人。

（13）在整个作业期间，应随时检查设备部件的所有紧固螺栓和螺母，确定其牢固和转动顺畅，有故障应立即解决。

（14）长时间不使用时，应将设备清洗干净并遮盖，以延长使用期限。

### （三）秸秆机械装载臂

（1）机械臂安装。选择性能可靠的拖拉机进行机械臂的安装，要求拖拉机液压系统、传动系统工况良好。

（2）根据作业需求进行机械臂配件安装，可更换草叉、铲斗、抓斗等配件。配件更换时注意检查各紧固件，确保牢固。

（3）进行试运转，检测机械臂是否能正常作业，各液压系统是否灵活可靠，如有不当，及时调整，达到正常工作状态。

（4）草叉使用规范：

——检查草捆重量，确保最大装载量不超过草叉作业能力。

——草叉作业时，尽量插入草捆中部，使草捆重量均匀分布两叉之间。

——草叉插入草捆时，尽量匀速准确，避免插入土中。

——草捆运输时减速慢行，防止草捆掉落。

——卸草捆时保证草叉下倾，辅助卸料人员在草叉侧后方进行辅助卸料，严禁站在草叉前方作业。

——卸料时拖拉机需严格制动，使草叉稳定，卸料完成后匀速后退驶离。

——严禁用草叉拨弄物料。

（5）铲斗使用规范：

——除驾驶室外，机上其他地方严禁站人。

——装料时铲斗的装料角度不宜过大，以免增加装料阻力。

——向车内卸料时必须将铲斗提升到不会触及车箱档板的高度，严防铲斗碰车箱，严禁将铲斗从汽车驾驶室顶上越过。

——颠簸路段减速行驶，防止铲斗内物料掉落。

——工作时，正前方不许站人，行车过程中，铲斗不许载人。

——严禁采用高速档作业。

——操作人员离开驾驶位置时，必须将铲斗落地，发动机熄火，切断电源。

——出现问题立即停机检查，检查时确保铲斗落地。

## 四、作业质量

### （一）方草捆打捆机作业质量标准

根据 NY/T 1631-2008 方草捆打捆机作业质量（表 5-1）。

表 5-1 方草捆打捆机作业质量标准

| 序号 | 检测项目名称 | | 质量指标要求 |
|---|---|---|---|
| 1 | 牧草总损失率，% | | ≤ 4 |
| 2 | 成捆率，% | 牧草 | ≥ 97 |
| | | 稻、麦秸秆 | ≥ 95 |
| 3 | 草捆密度，$kg/m^3$ | 禾本科牧草 | ≥ 130 |
| | | 豆科牧草 | ≥ 150 |
| | | 稻、麦秸秆 | ≥ 100 |
| 4 | 草捆抗摔率，% | 牧草 | ≥ 95 |
| | | 稻、麦秸秆 | ≥ 92 |
| 5 | 规则草捆率，% | | ≥ 95 |

注：草捆密度是按含水率 20% 折算

### （二）圆草捆打捆机作业质量标准

根据 NY/T 2463-2013 圆草捆打捆机作业质量（表 5-2）。

表 5-2　圆草捆打捆机作业质量标准

| 序号 | 检测项目名称 | | 计量单位 | 质量标准要求 |
|---|---|---|---|---|
| 1 | 草捆密度 | 简易检测法 | — | — |
| | | 专业检测法 | kg/m$^3$ | ≥ 115 |
| 2 | 牧草损失率，% | 禾本科牧草 | — | ≤ 2 |
| | | 苜蓿 | — | ≤ 4 |
| 3 | 成捆率，% | | — | ≥ 97 |

## 第二节　秸秆肥料化利用技术

### 一、秸秆粉碎直接还田技术

#### （一）技术内容

秸秆粉碎直接还田机械化技术是指用收获机自带的粉碎装置或专用秸秆粉碎还田设备将茎秆和茎叶粉碎并抛撒在田间，粉碎后可耕翻将已粉碎的秸秆深埋入土进行还田或者直接覆盖于地表。可对小麦、水稻、高粱、玉米等软硬秸秆进行粉碎。秸秆粉碎直接还田技术主要有秸秆机械粉碎覆盖还田技术和秸秆机械粉碎翻压还田技术两种。

#### （二）机具配套

秸秆粉碎还田机是通过万向节传动轴或皮带、链传动将拖拉机动力输出轴或联合收割机的动力经机具传动系统传递至粉碎部件，驱动粉碎部件高速旋转用于对田间农作物（玉米、高粱、小麦、水稻、棉花等）秸秆进行粉碎并抛撒还田。在保护性耕作技术应用中，秸秆粉碎还田机常作为免耕播种机的配套机具，用于免耕播种作业前对秸秆进行粉碎处理，将地表秸秆、残茬及杂草粉碎、细化，以减少其对免耕播种机的堵塞和播种质量的影响。

秸秆粉碎还田机有多种分类方法。按主要工作部件粉碎刀的结构形式分类，可分为锤爪式、"Y"形甩刀式、直刀式；按粉碎刀轴的运动方式分类，可分为卧式（粉碎刀轴绕与机具前进方向垂直的水平轴旋转）和立式（粉碎刀轴绕与地面垂直的轴旋转）；按动力传动方式分类，可分为单边传动秸秆粉碎还田机、双边传动秸秆粉碎还田机、齿轮、胶带传动秸秆粉碎还田机、齿轮、链条传动秸秆粉碎还田机；按配套方式分类，可分为与拖拉机配套的秸秆粉碎还田机和与联合收割机配套的秸秆粉碎还田机；按粉碎作物种类分类，可分为玉米秸秆粉碎还田机和稻麦秸秆粉碎还田机；按机具相对于拖拉机宽度的关系分类，可分为正配置秸秆粉碎还田机和偏配置秸秆粉碎还田机。

### 1. 与拖拉机配套的秸秆粉碎还田机

目前，国内较普遍使用的是与拖拉机和联合收割机配套采用齿轮、单边皮带传动的卧式秸秆粉碎还田机，通常采用逆转方式作业，能够充分地将地面的秸秆捡拾并粉碎。立式秸秆粉碎还田机多用于棉花秸秆的粉碎还田。与拖拉机配套使用的卧式秸秆粉碎还田机最常用的悬挂位置是后置式，采用标准三点悬挂方式，拖拉机动力通过万向节传动轴传递至机具。如图5-5所示。

图 5-5　1JQ-230 秸秆粉碎还田机

### 2. 与玉米联合收割机配套的秸秆粉碎还田机

与玉米联合收割机配套的秸秆还田机可进一步细分为后置式、中置式与前置式连接方式。最常用的为后置式，对于自走式联合收割机，机具采用双连接臂机构与其机架铰接，用液压油缸实现升降，联合收割机的动力通过三角皮带传递至机具；对于背负式玉米联合收割机，机具悬挂方式与拖拉机配套使用的相同。如图5-6所示。

生态农业机械化技术及装备

图 5-6　后置式挂接秸秆粉碎还田机

中置式挂接方式，是将秸秆粉碎还田机悬挂于玉米联合收割机的前后轮中间，采用双连接臂机构与玉米联合收割机的机架铰接，用液压油缸实现升降，联合收割机的动力通过三角皮带传递至机具。如图 5-7 所示。

图 5-7　中置式秸秆粉碎还田机

前置式挂接方式（图 5-8），是将秸秆粉碎还田机悬挂于玉米联合收割机的割台与前轮之间，用旋转框架与液压油缸联合支撑机具并实现升降，联合收割机的动力通过三角皮带或链条传递至机具。

图 5-8　前置式秸秆粉碎还田机

**3. 与稻麦联合收割机配套的秸秆粉碎还田机**

由于稻麦秸秆细软绵长的特性，要求刀轴转速达到 3 000 r/min，因此对粉碎轴的加工工艺、精度和动平衡要求很高。稻麦秸秆粉碎还田机与联合收割机的连接主要有直联式、抽拉式（滑移式）和翻转式。

直联式是将机具用螺栓直接连接在稻麦联合收割机的排草口处，见图 5-9。

图 5-9　直连式稻麦秸秆粉碎还田机

这种结构简单、安装牢固、成本低,缺点是拆卸不方便。与直联式相比,抽拉式要加装一个过渡接口,使接口与稻麦联合收割机排草口相连,下部焊有滑道。使用时将粉碎还田机推入接口的滑道,挂上三角皮带即可作业。不用时摘下三角皮带,将还田机拉出滑道,非常方便,见图5-10。

图5-10　滑移式秸秆粉碎还田机

翻转式是在过渡接口上焊一对铰链,使其与稻麦秸秆粉碎还田机铰接,不用时可将机具翻转并悬挂在稻麦联合收割机上,见图5-11。

与拖拉机配套的秸秆粉碎还田机按其相对于拖拉机宽度的关系还可分为偏置式和正置式。偏置式是指机具悬挂架中心面偏离拖拉机纵向中心面一定距离。采用偏置式的原因是由于拖拉机宽度一般都大于与其配套使用的秸秆粉碎还田机的工作幅宽,为使作业时能粉碎到地边,不留行,不丢秸秆,一般将机具的悬挂装置相对其纵向中心面偏离一定距离,即制成偏置式。目前偏置式机具使用较广泛,多采用机具向右偏置,好处在于机具作业开始就能粉碎到地边、不丢行。

随着国内大功率拖拉机的发展与使用,为了满足与其配套农机具不断增长的市场需求,企业研制了较大型秸秆粉碎还田机,使其工作幅宽稍大或相同于拖拉机的宽度,挂接时机具中心面与拖拉机的纵向中心面重合,即正置式秸秆还田机。与联合收割机配套的秸秆粉碎还田机一般为正置式。

图 5-11 翻转式秸秆粉碎还田机

### (三) 操作规范

（1）机组进地后，应调整拖拉机的悬挂杆件，使粉碎机的前后左右保持水平。调整限深轮的高度，保持合理的留茬高度。严防刀片入土，以免负荷过大，损坏部件。

（2）应根据作物的密度和长势、土壤含水率和坚实度，采用不同的作业速度。

（3）挂接动力输出轴时，要低速空负荷；待发动机加速到达额度转速后，机组才能缓慢起步投入负荷作业。严禁带负荷起动粉碎机和机组起动过猛，以免损坏机件。

（4）机组转移地块时，应切断动力。

（5）作业时，严禁带负荷转弯和倒退。

（6）田间如遇较大沟埂时，要及时减速，并提升粉碎机。

（7）作业中听到异常声响，应立即停车检查，排除故障后方可继续作业。

（8）要随时观察传动皮带的张紧度，如发现过松，应及时调整。

（9）清除缠草、排除故障和检查调整都必须在停机并切断动力后进行。

（10）作业时，禁止靠近机组和在机后跟人，以确保人身安全。

### （四）作业质量

根据 NY/T 500-2015 秸秆粉碎还田机作业质量、NY/T 1355-2007 玉米收获机作业质量、NY/T 995-2006 谷物（小麦）联合收获机械作业质量，玉米、高粱等作物秸秆粉碎合格长度不大于 100 mm，小麦、水稻等作物秸秆粉碎合格长度不大于 150 mm。与拖拉机配套的秸秆粉碎还田机的主要指标应符合表 5-3 的规定，与联合收割机配套的秸秆粉碎还田机的主要指标应符合表 5-4 的规定。

表 5-3 与拖拉机配套的秸秆粉碎机的作业质量

| 序号 | 项　　目 | 质量指标要求 |
| --- | --- | --- |
| 1 | 粉碎长度合格率，% | ≥ 80 |
| 2 | 残茬高度，mm | ≤ 80 |
| 3 | 抛撒不均匀度，% | ≤ 20 |
| 4 | 漏切率，% | ≤ 1.5，且无明显漏切 |

注：粉碎合格长度，玉米秸秆 ≤ 100mm，麦类、水稻秸秆 ≤ 150mm，棉花秸秆 ≤ 200mm

表 5-4 与联合收割机配套的秸秆粉碎还田机的作业质量

| 序号 | 检测项目名称 | 质量指标要求 |
| --- | --- | --- |
| 1 | 留茬高度，mm | ≤ a |
| 2 | 还田秸秆粉（切）碎长度合格率，% | ≥ b |

a 玉米联合收获机 110mm，小麦联合收获机 180mm；
b 玉米联合收获机 85%，小麦联合收获机 90%

## 二、秸秆腐熟还田技术

### （一）技术内容

秸秆腐熟还田技术是通过接种外源有机物料腐解微生物菌剂（简称为腐熟剂），充分利用腐熟剂中大量木质纤维素降解菌，快速降解秸秆木质纤维物质，最终在适宜的营养、温度、湿度、通气量和 pH 值条件下，将秸秆分解矿化成为简单的有机质、腐殖质以及矿物养分。

## （二）机具配套

腐熟剂施用按用量，可以对水喷洒在秸秆上，这样既均匀又能使秸秆腐熟剂得到充分利用，或者将秸秆腐熟剂用泥土（或肥料）搅拌均匀后，可使用固体厩肥撒施设备撒施到田内，随后进行整地。两种方法最好在无风条件下作业，把腐熟剂和秸秆混拌均匀。

（1）液态腐熟剂喷洒设备。液态腐熟剂可使用常规打药机进行田间喷洒，如 3WPZ-2000 四轮打药机、3WPZ-700 自走式打药机等自走式打药机均可喷洒。其中 3WPZ-2000 四轮打药机四轮驱动，四轮转向，可对农作物进行大面积喷雾作业，作业效率高。该款打药机离地高度 1.0m，轮距：1.7~2.0m（30cm 可调），药箱：2 000L，喷杆：12m（图 5-12）。

3WPZ-700 自走式打药机采用低量防滴快速组装喷头，雾化好，防漂移，喷杆自动伸缩，喷幅 12m，药箱容量 700L，每小时旱田防治可达到 70~100 亩（图 5-13）。

图 5-12　3WPZ-2000 四轮打药机

图 5-13　3WPZ-700 自走式打药机

（2）固态腐熟剂撒施设备。2FY-8 牵引式撒肥机可与 70~120 马力拖拉机配套作业，以撒播石灰、各种沤肥、有机肥为主。肥箱容积 8m$^3$，撒施宽度 6~15m（图 5-14）。

图 5-14  2FY-8 牵引式撒肥机

2FZL1500 自走式撒肥机可抛洒土杂肥、有机肥、颗粒肥，装载容量 1.5m³，撒播宽度 5~10m 可调。自带动力，转弯半径小、体积小，非常适用于蔬菜大棚和小块土地的使用（图 5-15）。

图 5-15  2FZL1500 自走式撒肥机

2FSQ-4.6 厩肥撒播机利用拖拉机后动力输出，带动车厢内的输送链自动把肥料向后输送，然后通过高速旋转的破碎轮和撒播轮均匀的将肥料撒播还田。最大装载量 3 000kg，最大装载容量 4.6m³，抛撒宽度 3m，工作速度 3~7km/h（图 5-16）。

图 5-16　2FSQ-4.6 厩肥撒播机

### （三）操作规范

**1. 液态腐熟剂喷施操作规范**

（1）机组到达作业现场，按技术方案，准确应用量具、按照规定的剂量称取腐熟剂与溶剂，溶、混均匀。不得任意改变用量。

（2）配制后装入箱内的溶液量不得超过药液箱的安全水位线。药液入箱要经过严格过滤。

（3）须待机器各部件正常运行后，再打开输液开关，进行喷施作业；停止作业时，要先关闭输液开关，再切断动力。

（4）选择合理的起始点、行进方向与速度，禁止逆风喷施。

（5）应在风力较小时进行，3 级以上风速或风向不定时禁止作业。

（6）作业过程中发生机械运转不正常或其他故障，应立即停机关闭开关，进行检查修理，排除后继续工作。发生管路系统堵塞，应先用清水冲洗再行排除故障。

（7）作业结束后，及时有效地清洗药械。

（8）作业结束，机械入库前，除将油箱、药箱内残余物倒干洗净外，还要全面清洗，金属部件要涂抹防锈油，然后保存在通风阴凉干燥处；机器上的塑料、橡胶软件应分类保管，不能挤压和暴晒。

（9）腐熟剂适用于还田的大田作物秸秆，不适用于易引起连作障碍的蔬菜秸

秆等还田使用。

（10）腐熟剂施用后应避免长时间晴天曝晒，同时也不能与大量化肥和杀菌剂混施，使用时应尽量选择阴天或早上或黄昏，避免阳光紫外线照射腐熟剂。

### 2. 固态腐熟剂施用操作规范

（1）根据需求控制撒施量。

（2）当机器使用时，任何人不得进入拖车和箱式撒肥机之间的区域，同时应避免紧急转弯。

（3）清洗时完全清空箱式肥料撒施机，关闭机器的所有活动板和阀门。先用清水简单冲洗整个肥料撒施机，再用高压清洁剂清理撒肥机的外部，可延长机器的使用寿命。

（4）长时间存放，将撒肥机与拖拉机的液压系统、气动线路和电气线等连接部件断开，然后将机器盖上防尘罩。

（5）在进行维护及故障诊断时，必须保证发动机为停止工作状态。

（6）如果条件允许，关键部位的螺母、螺栓须定期检查，并确保它们复原安装在正确的位置上并拧紧。

（7）单位面积撒肥量与作业行走速度密切相关，应根据实际需求确定适宜行走速度。

### （四）作业质量

#### 1. 液态腐熟剂喷施作业质量

（1）雾化性能好，雾滴直径大小适宜，穿透、附着性能好。

（2）喷洒覆盖均匀，无漏喷、重喷现象，覆盖密度适中。

#### 2. 固态腐熟剂施用作业质量

撒肥均匀度高，无漏撒现象。

## 三、秸秆好氧堆肥技术

### （一）技术内容

秸秆好氧堆肥技术主要是利用好氧微生物，进行秸秆有机分解转化的生物化学技术。秸秆等有机固体废弃物与自然界中能够高产特定酶的微生物结合，有效地促进有机固体废物转化为稳定的腐殖质。好氧堆肥过程中，好氧微生物对废弃物中的有机物进行分解和转化，此过程的终产物是 $CO_2$、$H_2O$、热量和腐殖质。

好氧堆肥是在有氧的条件下，依靠好氧微生物（主要是好氧细菌）的作用来进行的。在堆肥过程中,有机废物中的可溶性有机物质可透过微生物的细胞壁和细胞膜被微生物直接吸收,而不溶的胶体有机物质,先被吸附在微生物体外,依靠微生物分泌的胞外酶分解为可溶性物质,再渗入细胞。微生物通过自身的生命代谢活动,进行分解代谢(氧化还原过程)和合成代谢(生物合成过程),把一部分被吸收的有机物氧化成简单的无机物,并释放生物生长、活动所需要的能量,把另一部分有机物转化合成新的细胞物质,使微生物生长繁殖,产生更多的生物体。

### (二)机具配套

秸秆好氧堆肥需要配套设备主要有粉碎机、混料机,翻抛机、筛分机、装袋机。

#### 1. 秸秆粉碎机

3350型秸秆粉碎机(图5-17)由喂料仓、切碎机、输送机、电机及自动供油保护系统组成。装载机、输送机或龙门吊可直接将麦草、打包草、棉秆、芦苇等秸秆原料装进喂料仓内。喂料仓可自动不间断地向下方切草机喂料。切草机根据要求将原料送往下一工段。可直接进除尘器进行除尘,也可根据用户要求与除尘器直接配套。喂料仓容积$6m^3$,切碎机效率10~12t/h,功率90kW。

图5-17　3350型秸秆粉碎机

BY1400-800型秸秆粉碎机(图5-18)可加工农作物秸秆、蔬菜废弃物、林果残枝等农业废弃物,适用范围广泛。采用链板式进料,根据主电机负荷自动调节进料速度。使机器满负荷运转,避免空载运行,提高生产能力。设备靠冲击能来完成破碎木材作业。锤式综合破碎机工作时,电机带动转子作高速旋转,物料均匀的进入综合破碎机腔中,高速回转的锤头冲击、剪切撕裂物料使其破碎,同时物料自重作用使其从高速旋转的锤头冲向架体内挡板、筛条,在转子下部,设有筛板、粉碎物料中小于筛孔尺寸的粒级通过筛板排出,大于筛孔尺寸的物料阻留在筛板上继续受到锤子的打击和研磨。进料口尺寸1 400mm×800mm,加工原料最大直径200mm。

图5-18　BY1400-800型秸秆粉碎机

### 2. 混料搅拌装载机

ZL932型混料搅拌装载机(图5-19)用于粉碎上料、混合原料、转移、装卸物料等,有效提升作业效率,降低工人劳动强度。料斗容量0.7m³,卸载高度3.5m,额定装载质量1 600kg。

图5-19　ZL932型混料搅拌装载机

### 3. 翻抛机

LYFP400 翻抛机（图 5-20）是一种基于动态堆肥生产的机械设备，适合条垛式好氧发酵工艺。全板式结构，具有全密封双驱翻料系统，可使发酵物料得到充分的供养、粉碎和曝气，适用于畜禽粪便、农作物秸秆、污泥等有机固体废弃物的发酵处理。处理堆宽：3 800~4 200 mm；处理高度：1 600~2 000 mm；工作能力：1 000~4 000 m³/h。

图 5-20　LYFP400 翻抛机

### 4. 筛分机

筛分机将完成发酵的物料输送到筛选机进行筛选，体积较大的物料被筛分出去，粉末状的合格物料将输送至包装机料桶进行灌装。

该设备主要由电机、减速机、滚筒装置、机架、进出料口组成。滚筒装置倾斜安装于机架上。电动机经减速机与滚筒装置通过联轴器连接在一起，驱动滚筒装置绕其轴线转

图 5-21　筛分设备

动。当物料进入滚筒装置后,由于滚筒装置的倾斜与转动,使筛面上的物料翻转、滚动,让合格物料经筒筛外圈的筛网排出,不合格物料经滚筒末端排出。由于物料在滚筒内的翻转、滚动,使卡在筛孔中的物料能被弹出,防止筛孔堵塞(图5-21)。

### 5.定量装袋机

定量装袋机是称重、装袋、封口为一体的机器(图5-22)。称重控制系统打开给料门开始加料,该给料装置为快、慢两级给料方式,当物料重量达到快给料设定值时,停止快给料,保持慢给料,当物料重量达到最终设定值时,关闭给料门,完成动态称重过程,此时系统检测夹袋装置是否处于预定状态,当包装袋已夹紧后,系统发出控制信号打开称量斗卸料门,物料进入包装袋中,物料放完后自动关闭称

图 5-22 定量装袋机

量斗的卸料门,卸空物料后松开夹袋装置,包装袋自动落下,包装袋落下后进行缝包并输送到下一工位。

### (三)操作规范

#### 1.秸秆粉碎机操作规范

(1)秸秆粉碎机安装后应仔细检查是否安装到位,检查是否安装的足够牢固。

(2)秸秆粉碎机启动前,先用手转动转子,检查运转是否灵活正常,机壳内有无碰撞现象,转子的旋转方向是否正确,电机及粉碎机润滑是否良好等。

(3)秸秆粉碎机不要经常更换带轮,以防转速过高或过低。

(4)秸秆粉碎机启动后应先空转 2~3min,无异常现象后再投料工作。

(5)秸秆粉碎机送料要均匀,若发现有杂声、轴承与机体温度过高或向外喷料等现象,应立即停机检查,排除故障。

(6)秸秆粉碎机工作前工作人员应仔细检查物料,防止金属、石块等硬物进入粉碎室引发事故。

（7）秸秆粉碎机在停机前先停止送料，待机内物料排除干净后，再切断电源停机。停机后要进行清扫和维护保养。

2．装载机操作规范

（1）装载机不得在倾斜度超过规定的场地上工作，作业区内不得有障碍物及无关人员。

（2）装载机运送距离不宜过大。

（3）作业前，检查液压系统应无渗漏，液压油箱油量应充足，轮胎气压应符合规定，制动器灵敏可靠。

（4）起步前，应先鸣声示意，将铲斗提升离地面0.5m左右。作业时，应使用低速档，用高速档行驶时，不得进行升降和翻转铲斗动作，严禁铲斗载人。

（5）在松散不平的场地作业，可把铲臂放在浮动位置，使铲斗平稳的推进，如推进时阻力变大，可稍稍提升铲臂。

（6）装料时，铲斗应从正面插入，防止铲斗单边受力。

（7）往运输车上卸料时应缓慢，铲斗前翻和回位时不得碰撞车厢。

（8）经常注意各仪表和指示信号的工作情况，内燃机及其他各部件的运转声音，发现异常，应立即停车检查，待故障排除后方可继续作业。

（9）作业后，应将铲斗平放在地面上，将操纵杆放在空档位置，拉紧手制动器。

3．翻抛机操作规范

（1）翻抛机耙子需先下降，之后方可启动翻抛机，以免造成机器故障。

（2）翻抛机前进时以物料含水量判断速度，以免电流过载。

（3）操作中如遇机器故障或翻倒停止，请速联系负责维修的人员。

（4）翻抛机耙子下方禁止攀爬。

（5）勿乱动电闸及电缆等。

4．筛分设备操作规范

（1）应在无负荷的情况下启动，严禁带料开启，以避免造成损坏。

（2）开机前先检查所有螺栓是否松动。

（3）检查轴承座内及减速机内的油面是否到位。

（4）启动主电动机，检查旋转方向是否相反，如相反应立即停车调整。

（5）停车前应先停车送料，严禁带料停车。

5．定量装袋机操作规范

（1）检查机器运转是否正常，包装袋标识粘贴是否完整、牢固，定量系统是否校正，缝包机是否加油维护，场地是否清理干净。

（2）打开出料口将产品装入包装袋中，包装前要检查是否出现较多粗纤维（粉碎不好的）、产品颜色不统一、细度不一致、结块发白等情况，如果出现不能包装，必须重新进行筛分处理才能包装。

（3）确定产品外观符合要求后，准确称量，进行缝包操作，将包装好的成品入库保存。

## 第三节　秸秆饲料化利用技术

秸秆饲料化利用在畜牧业发展中起到了重要的作用，秸秆经过生物、物理或化学处理方法之后，可以转化为高质量饲料饲喂畜禽。其中，最具代表性的处理方式有青贮、黄贮、膨化等技术。

### 一、秸秆青贮技术

#### （一）技术内容

秸秆青贮是将新鲜的秸秆切碎后，紧实堆积于不透气的青贮窖（或其他贮存设备）内，在适宜的厌氧环境下，利用乳酸菌等微生物的发酵作用，将秸秆原料中的糖类等碳水化合物转化为乳酸等有机酸，使青贮饲料的pH值维持在3.8~4.2，从而抑制青贮饲料内的乳酸菌等生物活动，达到保存饲料、提高秸秆营养价值和适口性的一种方法。

适宜于青贮的农作物秸秆主要是玉米、高粱和黍类作物的秸秆。

#### （二）机具配套

秸秆青贮一般有窖内青贮、袋装青贮、地上堆贮等方式。窖内青贮一般适用于养殖量大的养殖户，袋装青贮一般适用于养殖规模比较小的养殖户。收获及加工设备主要包括铡草机、青贮收获机等（图5-23）。

图5-23　青贮铡草机

**1. 分段加工模式**

在玉米蜡熟期利用高秆作物收割机将玉米秸秆割倒、铺放到地头后，再拉运到青贮窖边，用青贮铡草机或秸秆揉丝机切碎、揉丝、抛送到青贮窖、压实制成青贮饲料的方式。该模式主要用的机械有高秆作物收割机和青贮铡草机。

**2. 连续加工模式**

采用专用秸秆青贮收获机械在田间利用切割、喂入、压实、粉碎等机构，可一次性连续完成玉米植株的收割→切碎→揉搓→抛送装车等多项作业。

青贮收获机按照与动力的联接方式，有悬挂式、自走式和牵引式3种；按照机械收获秸秆的方式，又可分为对行收获和不对行收获两种机型。对行收获一般只能收获玉米秸秆，不对行收获机型在换装割台后，还能收获其他牧草。目前，该类机型在北京市使用较多的品牌为约翰迪尔、克拉斯、美迪等（图5-24至图5-26）。

图5-24　8200自走式青贮收割机

图5-25　自走式青贮玉米收获机

图5-26　青贮玉米收获机整机展示

### （三）操作规范

**1. 铡草机操作规范**

（1）启动机器之前，一定要检查各个机器部件，是否完整，电路是否安全可靠，否则不得启动机器。

（2）作业场地应宽敞，保证通风及防火，操作者穿戴要整齐，长发扎起固定，电源开关应靠近操作者，以便发生故障时尽快切断电源。严禁硬杂物进入机内，以免造成人为的机器损坏。

（3）检查机器时，必须切断动力。

（4）作业的过程中，物料的喂入要连续、均匀，喂入量适中，否则将影响作业质量和效率。作业结束时不能立即停机，应继续运转3~5min，让机内物料全部排尽后方可停机，否则易造成机内堵塞。

（5）发生堵塞时，应立即停机，待机器完全停止后方可进行清理。

（6）机器在运转时，他人不得操作以及靠近机器，机器工作时排草口不得站人，以免发生人身伤害事故。

**2. 青贮收获机操作规范**

（1）操作前首先了解机器标示的生产率，由于青贮玉米收获机在切割的同时还要粉碎，并且粉碎部分的工作效率会影响到整个机器的工作效率，因此在操作时避免超负荷使用，以免损坏机器，影响使用年限，耽误了最佳的收割时机。

（2）在作业时要根据地块的实际产量和机械的生产率来确定机器的行走速度。

（3）作业前要将地块中的所有田埂弄平整，高度不宜超过10cm，以免作业时损坏机器，因不同地块的玉米种植情况不同，土壤的条件也不同，因此在正式收获前要进行试割，在试割时要及时的调整机器，以使其达到最佳的作业状态，待试割后没有发生异常则可进入正式作业。

（4）作业时先按开油门按钮，启动发动机，发动机的转数达到1 500r/min时机器即可正常动转。

（5）为了方便作业，需要先开辟一条通道来容纳机器作业，并且还要在每个机器要转弯的地方开辟足够的转弯空间。

（6）在机械每次收割工作完成后，都要将机械表面的灰尘以及残留物清理干净。

（7）在每次作业前都要检查机油油面和冷却液液面，还要检查皮带的松紧程序，保证机械上的皮带连接稳固，另外，各部件如果发现破损应及时维修或者更换，以确保下次作业机械正常的运行。

（8）除了做好日常的保养工作外，在整个工期的收获完成后青贮玉米收获机需要进行放库保存，在保存前需要将机械进行彻底的清洗，同时还要检查机身有无漏漆的地方，及时的将露漆的地方补刷油漆以防生锈。

### （四）作业质量

青贮收获机作业质量。根据 NY/T 2088-2011 玉米青贮收获机作业质量，主要作业指标应符合表 5-5 的规定。

表 5-5 青贮玉米收获机作业质量

| 序 号 | 项 目 | 质量指标 |
| --- | --- | --- |
| 1 | 损失率，% | ≤ 5 |
| 2 | 切碎长度合格率，% | ≥ 95 |
| 3 | 割茬高度，mm | ≤ 150 |

## 二、秸秆黄贮技术

### （一）技术内容

黄贮是相对于青贮而言的一种秸秆饲料发酵办法。和青贮使用新鲜秸秆、自然发酵不同，黄贮是利用干秸秆做原料，通过添加适量水和生物菌剂，发酵以后利用的一种技术。黄贮加入的高效复合菌剂，在适宜的厌氧环境下，将大量的纤维素、半纤维素、甚至一些木质素分解，并转化为糖类。糖类经有机酸发酵转化为乳酸、乙酸和丙酸，并抑制丁酸菌和霉菌等有害菌的繁殖，最后达到与青贮同样的贮存效果。制作黄贮玉米秸饲料大致可分为四个步骤：收割、揉搓、装窖、封埋（打包）。

### （二）机具配套

#### 1. 秸秆揉丝机

秸秆揉丝机将收集来的原料进行揉搓。使用时通过调节锤片的数量调整秸秆的揉搓效果及碎料的多少。减少锤片，出料秸秆加长，碎料减少，增加锤片，出料秸秆变短，碎料增加。通过传送带自动进料将秸秆压扁、纵切、挤丝、揉碎，破坏了秸秆表面硬质茎节，把牲畜不能直接采食的秸秆加工成丝状适口性好的饲草，而又不损失其营养成分，便于牲畜的消化吸收。

秸秆揉丝机是通过输送机将待加工物料输送至揉碎室，经高旋转锤片与揉搓板相互作用，将物料揉碎，经抛送风叶将揉碎的物料抛送室外。喂料斗设有多孔喷淋装置，可调整物料的含水率、揉碎程度。秸秆揉丝机主要由喂料斗、机架、机壳、转子等部件组成。适用于棉秆、玉米秆、麦秸等农作物秸秆以及树皮的揉碎加工。秸秆揉丝机（图5-27）将物料经过铡、敲、揉、搓等物理作用，变成长短均匀、柔软细碎的丝片状，使其粉碎程度较大的提升。

图 5-27　秸秆揉丝机

## 2. 秸秆打包机

将揉搓好的饲草通过自动输送带快速、均匀的送入打包机的工作仓内，进行压缩、自动报警、自动停止进料、自动打捆。当捆扎完毕，线绳自动切断、自动开仓出草捆。打好的草捆弹出滚落到自动包膜机上，草捆转动，拉伸牧草膜自行缠绕，并自动完成包膜工作，当包膜工作完成设定包膜层数后，即刻自行停止。然后包膜机自动卸下包好膜的草捆到小推车上。即可推到存放场地码垛整齐。秸秆从入料、打捆、包膜一体化操作，大大降低人工、电力

图 5-28　秸秆打包机

成本和缩短生产时间，从而最大限度降低生产成本（图5-28）。

### （三）操作规范

#### 1.秸秆揉丝机操作规范

（1）开机前，检查各部件的连接情况，清除机内和待粉碎料中的杂物和石块，然后起动机器，待机器运转正常后，方可正式作业。

（2）工作中，操作人员给喂物料时，应连续、均匀不间断。如喂入过多出现堵塞或机器发出异常响声，应立即停止，排除故障。

（3）工作结束，应先切断电源，再擦拭机器和清扫现场。

#### 2.秸秆打包机操作规范

（1）开机前应做好电源接通、电机正反转测试、气泵的连接、捆绳置入、草捆膜的安装等。

（2）接好电源后，合上电源开关；检查电机旋向是否与机器要求方向一致，严禁反转。

（3）使用前应空车运转五分钟，各链条部位、转动部位、拾料器应加足润滑油，并使其充分润滑。

（4）按照要求穿好捆绳，调节好捆绳张紧器压力，不要过紧或过松。

### （四）作业质量

秸秆揉丝机作业质量。根据 NY/T 509-2015 秸秆揉丝机质量评价技术规范，主要作业指标应符合表5-6的规定。

表5-6 秸秆揉丝机作业质量

| 项　目 | 质量指标 |
| --- | --- |
| 秸秆丝化率 | ≥ 90% |

## 三、秸秆膨化技术

### （一）技术内容

秸秆膨化技术是利用螺杆式挤压膨化机将揉搓后的秸秆加水调质后输入挤压机的挤压腔，依靠秸秆与挤压腔中螺套壁及螺杆之间相互挤压、摩擦作用，产生热量和压力，当秸秆被挤出喷嘴后，压力骤然下降，使秸秆体积膨大。然后加入菌剂，进行打包发酵。膨化后的秸秆易吸收的无氮浸出物含量提高，粗纤维与酸性洗涤纤维下降，适口性好，便于运输贮存。

## （二）机具配套

秸秆膨化机（图5-29）是膨化饲料加工的主要设备，一般为螺杆挤压式，其主要由进料装置、挤压腔体、检测与控制系统及动力传动装置等部分组成。挤压部件是挤压膨化机的核心部件，由螺杆、外筒及模头组成，一般按外筒内螺杆的数量将挤压机分为单螺杆挤压机和双螺杆挤压机。由于双螺杆挤压机的投资大，除生产某些特种饲料外较少使用。目前，在饲料行业应用最广泛的是单螺杆挤压机，具有投资少、操作简单的优点。采用螺杆的变径、变距等技术，通过挤压与摩擦，直接将机械能转化为热能

图5-29　秸秆膨化机

（温度高达120~140℃），瞬间高压喷放，高温杀菌、熟化、糖化的质变过程，使秸秆天然形成的结构蜡质膜加以破坏；纤维素、半纤维素与木质素分离，膨化后的秸秆物料，经补水、添加有益微生物菌、打捆、缠膜密封后厌氧发酵。

## （三）操作规范

（1）开机前检查各部位，特别是各段膨化腔的连接螺钉、地脚螺栓、电机座与机架的连接螺栓、膨化腔与机架的螺栓连接，不得有松动现象。

（2）手动使主轴转动，此时膨化腔内不得有任何碰擦声音。

（3）启动进料绞龙，检查其无级高速性能，要求运转正常。

（4）开机前检查并清理水路、气路。所有过滤器需清理。

（5）开机前检查电控部分的接线是否正确，各电机转向是否正确，控制是否可靠。

（6）打开蒸汽阀门，预热膨化腔，温度为100℃左右。

（7）开始启动设备，向膨化腔中加少量水，同时将物料喂入膨化腔，当物料挤出后，调整产品的膨化效果和水分等。

（8）设备运行正常后，不得随意停机。生产告一段落后（即原料仓中仍有料）需要停机，等到电控柜上主机电流指示值变为空载电流值时，将主电机停

止，随即将尾节膨化腔拆卸下来进行清理，清理完毕后，将主轴及螺头内壁涂抹油脂（饲料用油脂）后，重新装好等待下次开机。

（9）当看到料仓上料位指示器指示料位已到达最低位时，开始做停机准备，此时不要停止喂料绞龙，待主机电流降到空载电流时，停喂料绞龙、调质器。

（10）停机后必须戴上防高温手套，迅速卸下出料模，并立即趁热清理干净，且启动主电机将膨化腔内积存的物料排空。

## 第四节　秸秆能源化利用技术

### 一、秸秆直燃发电技术

#### （一）技术内容

秸秆直燃发电技术是农作物秸秆直接在锅炉以固态燃烧产生高温高压蒸汽推动蒸汽轮机发电的秸秆利用技术。

秸秆直燃发电可以采用锅炉—蒸汽—蒸汽轮机—发电机的工艺方式，还可以采用热电联供的方式提高系统效率。通常秸秆直接燃烧发电的过程为：秸秆与过量空气在特定的锅炉中燃烧，产生的热烟气和锅炉的热交换部件换热，产生高温高压蒸汽在蒸汽轮机中膨胀做功发出电能。电经配电装置由输电线路送出。锅炉烟气经省煤器、空气预热器和布袋除尘器经烟囱排放。与其他生物质发电技术相比，秸秆直接燃烧系统技术特点是秸秆处理量大，热能利用率高。

#### （二）机具配套

目前我国秸秆直接燃烧发电的锅炉主要有秸秆炉排炉（层燃炉）和秸秆循环流化床炉（流化炉）。

与常规锅炉中秸秆一次通过燃烧不同，在循环流化床锅炉中，燃料和惰性床料混合物悬浮在炉膛中以发生流态化的燃烧，燃烧过程稳定，燃烧热量均匀释放，炉膛温度要低于炉排炉，因而更适合燃烧高碱性的秸秆材料，而且对不同种类秸秆的适应性明显好于炉排炉，也能够有效减少受热面沉积和高温受热面腐蚀，降低结渣和聚团形成速度。较低的燃烧温度也可以保证燃料中水溶性钾较多地转入固相飞灰中，并维持水溶性，对保持锅炉灰渣的肥料价值更有利。另外，循环流化床锅炉的变负荷运行性能更好，能够保持较高的效率。流化床运行中最大的问题是床料在高温碱金属的作用下发生聚团（图5-30）。

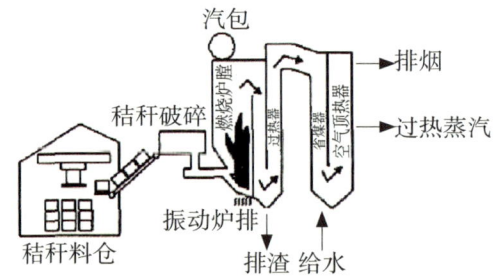

图 5-30　水冷振动炉排秸秆直燃工作示意

如图 5-31 所示的无锡华光锅炉有限公司在河北晋州秸秆热发电项目 2×75t/h 秸秆直燃锅炉，是我国第一个采用国产化秸秆直燃锅炉的项目。

锅炉设计参数：

额定蒸发量：75t/h

给水温度：150℃

额定蒸汽压力：3.82MPa

锅炉设计热效率：90%

额定蒸汽温度：450℃

锅炉燃料：水稻秆、小麦秆、棉花秆、玉米秆、果木枝条等。

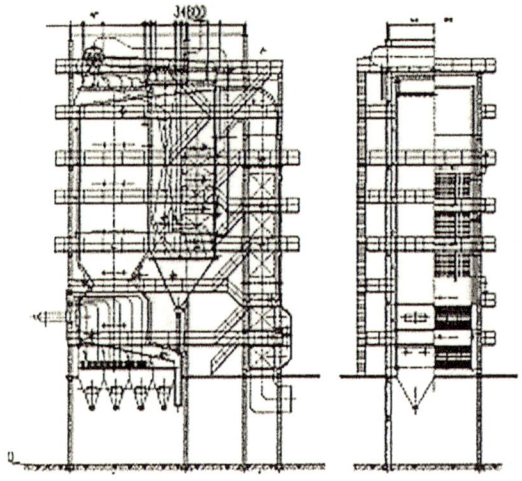

图 5-31　75t/h 中温中压秸秆直燃锅炉

后续该公司又为宝应协鑫生物质环保热电有限公司和连云港生物质环保热电有限公司开发设计了 75t/h 次高温次高压秸秆直燃锅炉。2006 年 9 月，无锡华光锅炉有限公司与江苏国信如东生物质发电有限公司就江苏如东 25MW 秸秆发电示范项目 1×110t/h 高温高压秸秆直燃锅炉正式签订技术协议，这是国内首台高温高压的秸秆直燃锅炉。如图 5-32 所示。

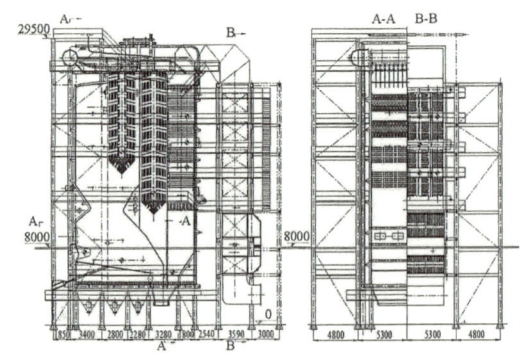

图 5-32　110t/h 高温高压秸秆直燃锅炉

该锅炉的设计参数如下。

额定蒸发量：110t/h；

给水温度：210℃；

额定蒸汽压力：9.8MPa；

锅炉设计热效率：90%；

额定蒸汽温度：540℃。

图 5-33　郑锅股份稻壳秸秆生物质发电锅炉

图 5-33 所示机器容量为 10~75 蒸吨，热效率 85%~90%，适用稻壳、秸秆、木屑等农林废弃物作为直燃燃料，可用于大型集中供热和火力电厂发电。该机器的 ZG-30 型号为例，机器主要参数如下。

额定蒸发量：30t/h；

额定蒸汽压力：3.82MPa；

额定蒸汽温度：330℃；

给水温度 105℃。

图 5-34 所示的上海四方锅炉集团工程股份有限公司生产的 SHX 系列循环流化床热水锅炉，供水温度为 115~150℃，回水温度为 70~90℃，工作压力为 1.0~1.6MPa。循环流化床燃烧技术作为一种新型成熟的高效低污染节能新产品，具有以下几种优点。

（1）循环流化床属于低温燃烧，因此氮氧化物排放远低于干煤粉炉，仅为

图 5-34　SHX 系列循环流化床热水锅炉

200mg/kg 左右，并可实现在燃烧过程中直接脱硫，脱硫效率高。

（2）燃料适应性广且燃烧效率高。

（3）排出的灰渣活性好，易于实现综合利用，无二次灰渣污染。

（4）负荷调节范围大，低负荷可降到满负荷的 30% 左右。

### （三）操作规范

（1）收集到的秸秆需要由打包机打成秸秆包，称重后存放于炉前的秸秆储库中。一般来讲单台机组电厂内至少要设置 2 座秸秆储存库，储存量可供全厂锅炉燃用一周左右。秸秆储存库需要严格密闭干燥，并且库内设有堆跺机、叉车等来完成存料、上料、整备等功能。

（2）入炉前的秸秆必须要经过水分测定。可以用红外线测试或探测器接触测定含水量。含水量合格的秸秆包从储库通过密封防火的链式输送带一捆接一捆地送往紧邻的封闭型切割装置立式螺杆机上，秸秆通过螺杆的旋转被扯碎、切割成一段不规则的短秆，通过给料机将秸秆压入密封的进料通道，然后到达炉内进行燃烧。

（3）尾部烟气的除尘多采用布袋除尘器，将其安装在旋风除尘之后更有效地收集烟气中的飞灰。布袋除尘的效率为 99.6% 以上，采用脉动喷射式产生的烟气经除尘后由烟囱排放。

（4）秸秆燃烧后锅炉底部排出的渣和除尘器捕集的灰分别经输送系统输送至灰渣仓暂存，这种灰分含有丰富的营养成分如钾、镁、磷和钙，可用作高效农业肥料。干灰渣可经干灰卸料器装入密封罐车送至综合利用用户，也可经湿式搅拌机将干灰渣加湿搅拌后装入自卸汽车送至综合利用用户。

## 二、秸秆固化成型技术

### （一）技术内容

秸秆成型技术是指通过将秸秆粉碎成松散细碎料，在一定条件下，挤压成质地致密、形状规则的成型燃料。在物料进入成型设备之前，还可以在物料中加入黏结剂，提高成型效果，或加入碱性物质，用来中和颗粒燃烧过程中产生的酸性物质，减轻燃烧过程中对锅炉的腐蚀。原料挤压成型后，密度达到 $0.8 \sim 1.2 \ t/m^3$ 时，能量密度与中质煤相当。秸秆成型燃料的燃烧特性明显改善，挥发少，黑烟少；火力持久，炉膛温度高；可直接利用电厂输煤、给煤设备，无须双燃料供应系统；耐贮存，运输、使用方便。秸秆成型燃料燃烧速度比煤快，灰尘及其他指标的排放都比煤低，可实现 $CO_2$、$SO_2$ 的减排。

成型燃料一般有颗粒状和棒状。颗粒状燃料由模辊挤压式生产。通常为直径 8~10 mm，长度 20~30 mm 的圆柱体。一般用于家庭取暖等小型锅炉。棒状燃料体积较大，通常用活塞挤压方式生产，直径在 80~150 mm，一般作锅炉的燃料。

**1. 热成型技术**

秸秆热压成型就是以秸秆的木质素为黏结剂，纤维素为"骨架"，在 200℃ 左右的温度下使物料中的木质素软化，同时通过高压将物料挤压成棒料。热成型加工工艺由干燥、粉碎、加热、压缩、冷却过程组成，螺杆挤压成型机对粉料含水率有严格要求，必须控制在 8%~12%，以防高压蒸汽喷出，影响设备正常运转。

**2. 冷成型技术**

冷成型技术是指在常温下，通过特殊的挤压方式，使粉碎的生物质纤维结构相互镶嵌包裹，同时由于摩擦挤压产热作用导致部分木质素软化黏合成型。冷成型技术的工艺只需粉碎和压缩两个环节，与热成型技术相比，具有原料实用性广，设备系统简单、体积小、重量轻、价格低、可移动性强、颗粒成型能耗低，成本低等优点。冷成型又分为 Highzones 技术、SDBF 技术、EcoTre System 技术。

**3. 炭化成型技术**

炭化成型技术是将生物质成型燃料经干燥后，置于炭化设备中，在缺氧条件下闷烧，即可得到机制木炭的技术。炭化后的原料在挤压成型后维持既定形状的能力较差，贮存、运输和使用时容易开裂或破碎，所以采用炭化成型技术时，一般都要加入一定量的黏结剂，在我国则采用植物纤维和碱法草浆原生墨液、腐殖酸纳渣等作复合黏结剂。在消烟助燃剂方面，研究最多的是钡剂，银剂不仅可消烟助燃，还可降低 $SO_2$ 等有害物质的排放。

### （二）机具配套

**1. 螺旋挤压式成型机**

螺旋挤压成型技术成品密度高、质量好、热值高，更适合再加工成为炭化燃料。但是产量低、能耗高、易损件寿命短、原料含水率要求苛刻（8%~12%）。物料由进料口进入，落到锥形螺旋推进器直径较大的一端，由螺杆旋转推动，向直径较小的一端移动，并进入压缩管，最后从压缩管的一端出来，形成棒状成型燃料（图5-35）。

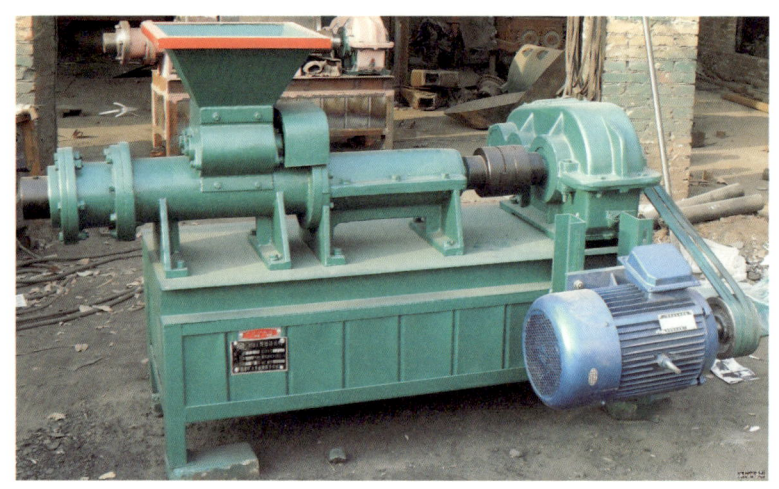

图 5-35　螺杆挤压式成型机

**2. 压模辊压式成型机**

辊模挤压成型技术是在颗粒饲料生产技术基础上发展起来的。一般不需要外部加热，依靠物料挤压成型时产生的摩擦热即可使物料软化和黏合。对原料的含水率要求较宽，一般在10%~18%均能成型。其成型最佳水分为16%左右。辊模挤压成型法对物料的适应性最好。该技术又可分为环模挤压和平模挤压两种。

（1）环模颗粒成型机。压辊轴固定不动，环模旋转，环模腔内的物料被压辊挤压出环模并成型，再由切刀切下。主要易损件环模使用寿命短、成本高。主要由料斗、螺旋供料器、搅拌器、模辊压制室、电机及减速传动装置等组成。原料在配料仓内加黏结剂，并由配料仓内的抄板进行搅拌混合、调湿处理，随后螺旋供料器将物料喂入压制室制粒。在压制室内，进料刮板将调质好的物料均匀地分配到模、辊之间。由压模通过模、辊间的物料及其间的摩擦力使压辊自转不公转，由于模、辊的旋转将模、辊间的物料嵌入、挤压，最后成条柱状从模孔中被连续挤出来，再由安装在压模外面的固定切刀切成一定长度的颗粒燃料（图5-36）。

（2）平模颗粒成型机。采用水平圆盘压模及与其相配的压辊为主要工作部件，又称为立轴平模颗粒成型机。其结构主要有料斗、螺旋供料器、模辊压制室、电机及传动装置。由螺旋供料器将物料输送喂入模辊压制室，原料进入压制室后，在压辊作用下挤入平模成形孔，压成条柱状从平模的下边挤出，切刀将条柱切割成粒，排出机体外。平模颗粒成型机相对于环模机吨料耗电低、辊模寿命长（图5-37，图5-38）。

图5-36　HM系列立式环模制粒机

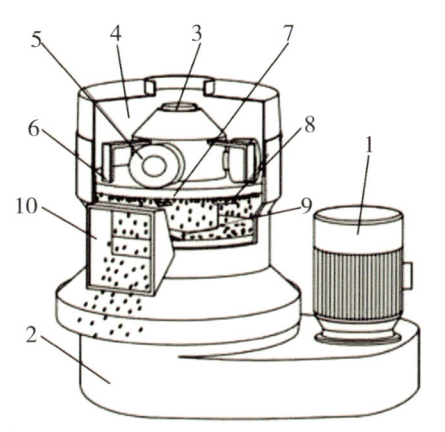

1.电动机；2.传动箱；3.主轴；4.喂料室；5.压辊；6.均料板；7.平模；8.切刀；9.扫料板；10.出料口

图5-37　平模压缩成型机

图5-38　小型平模饲料颗粒机

### 3. 活塞冲压式成型机

物料落入活塞腔中，由活塞推动向较细的一端移动，经压缩管压缩成型，由出料口出料。成型密度较大,允许物料水分高达 20% 左右。但因为是活塞往复运动间歇成型,生产率不高,产品质量不太稳定,不适宜炭化。活塞式的成型模腔容易磨损,一般 100 h 要修 1 次,有的含 $SO_2$ 少的生物质材料可维持 300 h。用发动机或电动机通过机械传动驱动成型的是机械驱动活塞冲压式成型机,用液压机构驱动的是液压驱动活塞冲压式成型机。

（1）机械驱动活塞冲压式成型机。典型的机械驱动活塞冲压式成型机的结构由成型筒、料斗、套筒、飞轮和电机组成。由电机带动飞轮转动,利用飞轮贮存的能量,通过曲柄连杆机构,带动活塞作高速往返运动,产生冲压力将生物质固体成型。机械驱动式生产能力大,生产率可达 0.7 t/h,产品密度大,但振动和噪声大。

（2）液压驱动活塞冲压式成型机。液压驱动活塞冲压式成型机是利用液压油缸所提供的压力,带动冲压活塞使秸秆等生物质原料冲压成型。其运行稳定性得到极大的改善,而且产生的噪声也很小,明显改善了操作环境。此外,液压驱动活塞冲压式成型机对原料的含水率要求不高,允许原料含水率可高达 20% 左右。液压驱动设计比较成熟,运行平稳,油温便于控制,体积小,驱动力大,一般当产品外径为 8~10 cm 时,生产率就可达到 1 t/h。

### （三）操作规范

（1）秸秆固化成型前须先进行切碎（粉碎、揉丝）至设备要求长度,纯小麦秸秆效果不佳,若进行麦秸秆压制时需加入不低于 30% 的稻秸秆、玉米秸秆或其他易于成型的物料。

（2）为保证机器成型效果,物料切碎（粉碎、揉丝）或成型前须检查物料含水率情况,若含水率过高,则须晾干至符合要求;如含水率过低则在物料上均匀适量喷水,混匀并堆放 8 h 以上再检查含水率情况,直至符合含水率要求方可进行作业。

（3）机器作业前,操作者应戴好防尘罩和穿好长袖工作服进行有效防尘,如发现异常应立即切断电源,排除故障后方可继续作业。

（4）作业前应先进行检查,物料、机器内部是否有硬物混入,并及时清理;压轮与压辊间隙是否在规定范围内,并及时进行调整。

（5）对有加热功能的成型设备,作业时首先按下电加热开关,对模具进行加热,待温度达到预定温度（根据原料不同,温度一般在 80~200 ℃）,空车运转 2~3 min 待电机运转正常后,再启动上料输送机。

（6）开始喂料时要均匀连续地进料，不要时多时少。在上料过程中要目视控制柜上的电流表尽量使电流稳定在电机规定的额定电流之内，使投料量与电机负荷相一致，防止超负荷工作，以免物料堵塞或烧坏电机。

（7）成型机因堵塞不能转动时，严禁强行启动电机，待料仓内的物料清除干净后方可重新启动电机。

（8）结束工作停机前，为使下一次机器作业模孔正常出料，准备 30 kg 左右的物料，均匀喷洒水使其含水率在 25%~40%，倒入料箱压制直到出散料为止。

## 三、秸秆热解气化技术

### （一）技术内容

秸秆热解气化技术是将农作物秸秆放入气化炉后干燥（干燥区），随温度升高析出挥发物，在高温下热解（热解层）；热解后的气体和炭在气化炉的氧化区与气化介质发生氧化反应并燃烧；较高分子量的有机碳氢化合物的分子链断裂，在还原区发生还原反应，最终生成了较低分子量的有机碳氢化合物的分子链断裂，在还原区发生还原反应，最终生成了较低分子量的 $CO$、$H_2$、$CH_4$、$CO_2$ 等混合气体（图 5-39）。

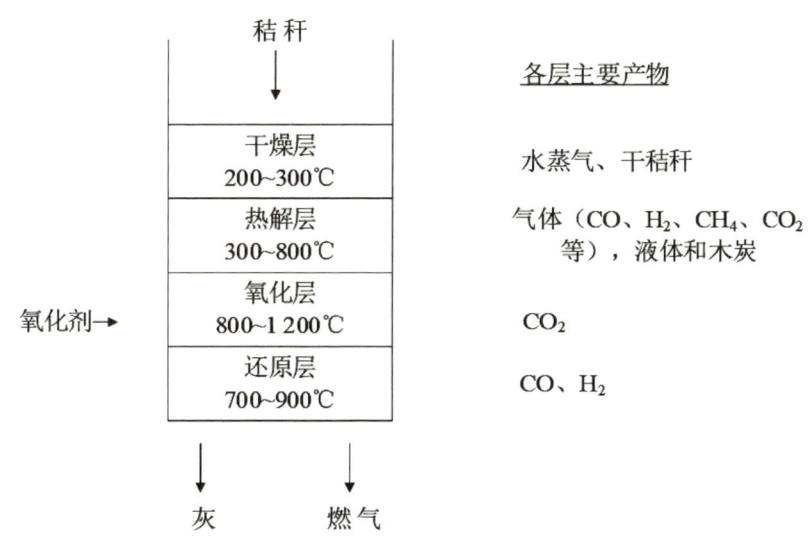

图 5-39　生物质热解反应机理

秸秆气化的方式分为 4 种，分别是常压气化、加压气化、间接气化、水热气化。不同条件下的气化要求各有不同。

### 1. 常压气化

常压气化是在 0.1~0.12 MPa 环境中进行，与加压气化相对，由于直接气化要保持温度在 800℃以上，气化剂必须采用空气或者氧气，并根据不同目的混入水蒸气。为了维持反应温度，一般情况下，供给完全燃烧所必需的氧气量 1/3，通过不完全燃烧达到气化的目的。

### 2. 加压气化

加压气化与常压气化的原理相同，但是其装置的构造、操作、维护等都更加的复杂，硬件技术难度也更大。加压气化得到的气体也并不比常压气化的气体更加优异。但是加压气化的气化炉可以设计小型化；在一些特定的合成中，加压后的反应比未加压时反应温和得多。

加压气化几乎都采用直接气化，生物质的 20%~40% 与气化剂中的氧气反应，生成的热量能保持 800℃以上的高温，同时剩余的物质与气化剂反应。

### 3. 间接气化

间接气化是在热分解的同时，使高分子烃类与气化剂反应生成 $H_2$、CO、$CH_4$ 等小分子气体的方法，热分解以及气化剂反应所需的热量通过反应体系外部提供，从外部供给反应的热的方式，包括在 10 min 左右反应管外侧加热，以及采用流动床或循环流化床作为气化炉，将流动材料加热升温等。

气化剂一般为水蒸气，但是也有以 $CO_2$ 作为气化剂。间接气化有以下特征：①因为气化剂中不含氧气，所以可以得到 13~20 $MJ/m^3$ 的高热量气体；②主要成分为 $H_2$ 和 CO，适用于作为生产合成气体的化学原料；③可以得到高浓度的 $H_2$ 和 CO；④间接气化使用气化反应体系以外的热源。

### 4. 水热气化

水热气化是在高温高压的水中分解得到气体的技术。超过临界点温度压力的水和虽然在临界点以下，但是在其值附近的温度压力的水，统称为水热状态下的水。将秸秆等有机物置于水热状态的水中，能够迅速进行热分解和水解直至分解生成气体。根据需要采用镍和碳元素类非均相催化剂，或碳酸钠水溶液等均相催化剂催化反应。生成的气体通过冷却容易与水分离，可以回收得到。对含水量较高的物质可以采用水热气化以减少费用和时间。

## （二）机具配套

### 1. 气化炉

气化炉是秸秆气化反应的主要设备。按气化炉的运行方式不同，可以分为固定床、流化床和旋转床三种类型。国内目前秸秆气化过程所采用的气化炉主要为固定床气化炉和流化床气化炉。

（1）固定床气化炉。固定床气化炉是一种传统的气化反应炉，其运行温度大约为 1 000 ℃。固定床气化炉可以分为上吸式（图 5-40）和下吸式气化炉（图 5-41）。

上吸式气化炉中，秸秆原料由炉顶加入，气化剂由炉底部进气口加入，气体流动的方向与燃料运动的方向相反，向下流动的秸秆原料被向上流动的热气体烘干、裂解、气化。其主要优点是产出气在经过裂解层和干燥层

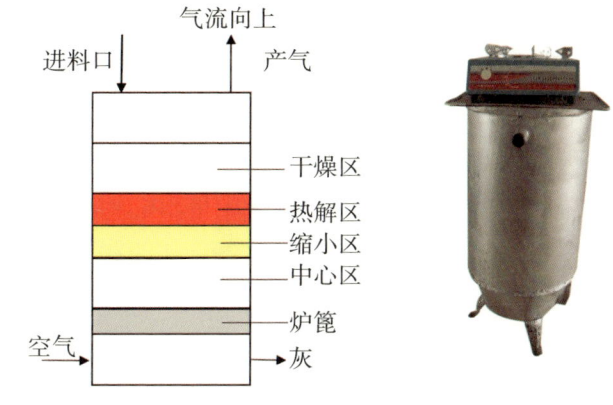

图 5-40　上吸式气化炉

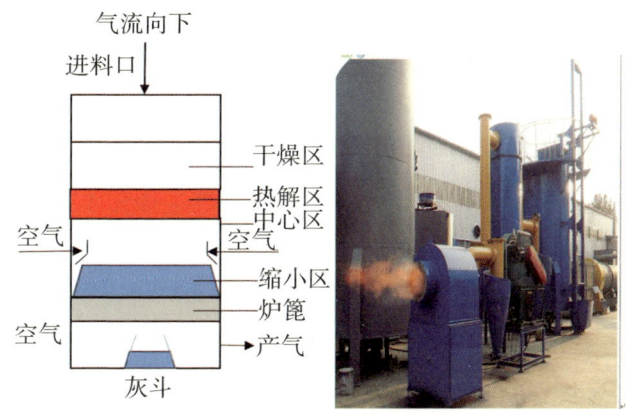

图 5-41　下吸式气化炉

时，将其携带的热量传递给物料，用于物料的裂解和干燥，同时降低自身的温度，使炉子的热效率提高，产出气体含灰量少。

下吸式气化炉的生物质原料由炉顶的加料口投入炉内，气化剂（空气、氧气）可以由顶部进入，也可以在喉部加入。气化剂与物料混合向下流动、在高温喉管区发生气化反应。相对于上吸式气化强度高，工作稳定性好，可随时加料。由于燃烧区在热解区与还原区之间，下饱和热解的产物都要经过燃烧区。在高温下裂解 $H_2$ 和 $CO$，使气化中焦油含量大为减少。但是燃气中灰尘较多，出炉温度较高。

（2）流化床气化炉。流化床燃烧技术是一种先进的燃烧技术。流化床气化炉的温度一般在 750~800 ℃。这种气化炉适用于气化水分含量大、热值低、着火困

难的生物质物料，但是原料要求相当小的粒度，可大规模、高效的利用生物质能。按照气固流动特性不同，流化床气化炉分为鼓泡床气化炉、循环流化床气化炉、双流化床气化炉和携带床气化炉。

鼓泡床中气流速度相对较低，几乎没有固体颗粒从中逸出。循环流化床气化炉中流化速度相对较高，从床中带出的颗粒通过旋风分离器收集后，重新送入炉内进行气化反应。双流化床与循环流化床相似，不同的是第Ⅰ级反应器的流化介质在第Ⅱ级反应器中加热。在第Ⅰ级反应器中进行裂解反应，第Ⅱ级反应器中进行气化反应。双流化床气化炉炭转化率较高。携带床气化炉是流化床气化炉的一种特例，其运行温度高达1 100~1 300℃，产出气体中焦油成分和冷凝物含量很低，碳转化率可以达到100%。

**2. 秸秆气化集中供气生产设备**

秸秆气化集中供气工程是将干秸秆粉碎后作为原料，经过气化设备（气化炉）热解、氧化和还原反应转化成可燃气体，经净化、除尘、冷却、贮存加压，再通过输配系统送往用户，用作燃料或生产动力。工程一般以自然村为单元，供气规模从数十户至数百户不等，供气半径在1 km以内。

秸秆原料经粉碎等预处理后，由上料机送入气化炉中，在气化设备中经过热解、氧化和还原反应转化成可燃气体，产生的粗燃气经净化系统去除其中的焦油、灰分、碳颗粒和水分等杂质并冷却；经净化的秸秆燃气通过燃气风机加压贮存至贮气柜，再通过燃气输配管网送往用户，用作炊事燃料或供暖。目前，我国已经基本形成了包括秸秆气化机组、燃气净化系统、供气管网的设施和施工以及户用燃气灶具等在内的较为完整的配套技术。系统由5部分组成：秸秆预处理系统、燃气发生系统、燃气净化系统、燃气输配系统和用户燃气燃烧系统。秸秆热解气化集中供气工程一般以自然村为单元，供气规模从数十户至数百户不等，农村居民用上管道煤气，秸秆热解气化集中供气系统工艺流程见图5-42。

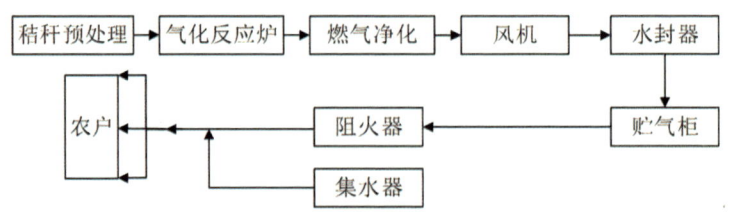

图5-42 秸秆热解气化集中供气系统流程

（1）供气系统燃气生产设备。供气系统燃气生产设备即秸秆气化机组，是整个秸秆热解气化集中供气系统的核心。设备主要有气化炉、燃气净化设备、鼓风机、防爆水封器等。气化炉是秸秆气化机组的核心设备，目前以村为单位的秸秆热解气化集中供气工程多采用固定床气化炉。气化炉的选用依据用气规模来确定，如果供气户数较少，选用固定床气化炉；如果供气户数多，则使用流化床气化炉更好。净化设备主要包括除尘器、喷淋器、除湿器、过滤器等，其主要作用是去除气化气中的焦油和颗粒杂质以及水分。防爆水封器是为了防止燃气输送过程当中带入火星造成燃气爆燃现象而设置的安全装置，是保证和提高生产安全性的重要措施。

（2）供气系统燃气输送设备。秸秆气化机组产生的燃气在常温下不能液化，需通过输配系统送至用户。输配系统设备包括贮气柜、输气管网和必要的管路附属设备如阻火器、集水器等。

贮气柜。贮气柜的作用是贮存一定容量的秸秆燃气，以平衡系统燃气负荷的波动，调整炊事高峰时用气，并保持恒定压力，保证用户燃气灶正常燃烧。生物质气化集中供气系统中常用的贮气柜有低压湿式贮气柜、低压干式贮气柜和压力式贮气柜（图5-43，图5-44）。

图5-43　湿式储气柜

图5-44　干式生物质自动浮降储气柜

输气管。以自然村为单元的秸秆热解气化集中供气系统的管网由干管、支管、用户引入管以及分布在各个管路当中的凝水缸和阀门组成。干支管一般采用浅层直埋的方式铺设在地下，贮气柜的燃气通过干支管网向用户输送燃气。管道的材质有钢、铸铁和塑料等。秸秆气中会有焦油、酚等有机物，供气管网不能采用 PVC 管。

（3）供气系统燃气使用设备。用户燃气系统包括室内燃气管道、阀门、燃气计量表和燃气灶。用户打开燃气用具的阀门，就可以方便地使用燃气。需要注意的是，因燃气特性不同，秸秆燃气的使用需用专用灶具，需要准确计算灶具上燃气喷口的直径及配风板的尺寸，使秸秆燃气与空气合理匹配，满足各项炊事对热负荷的要求。

### （三）操作规范

**1. 秸秆气化户用供气**

（1）首先应注意安全，要严格按照使用说明进行操作。厨房内应加一排风扇，以便排除室内有害气体。

（2）燃料越干燥、越细碎越好，不同的燃料使用效果也不尽相同。如发现灶头有烟气说明燃料太大或太湿。

（3）做饭时，如气化炉连续使用时间过长，会发现灶具进气口有白色烟气，说明炉内喷嘴周围缺少燃料，可将炉内燃料向中间搅拌一下或者再加入适当燃料即可。

（4）经常用炉钩子清理喷嘴周围及内部的灰尘，防止喷嘴阻塞。

**2. 秸秆气化站供气**

（1）气化站的安全运行。贮料场的防火。贮料场要完全杜绝火源，不允许闲人进入、不允许在场内吸烟，也不得在场内设置易引起火灾的设备与建筑物，不得同时存放易燃易爆物品。贮料场内原料应分别堆垛存放，各垛之间留有消防通道。若没有天然水源，应在贮料场设置消防水池或其他水源。还应设置小型干粉灭火器和沙土、铁锹等简易消防器材。

气化机组的安全操作。气化站投入运行前应按规程对气化设备和管道进行全面检查和气密性试验，所有设备、管道连接处、密封门、放液口应保持良好的密封性。气化站设备运行时，还应经常检查整个系统的密封情况，发现异常情况应立即停止运行。设备运行时严禁打开各密封门及放液口，不允许在房内进行其他明火作业。开机、检修要保证两人同时在场，发现不安全因素，及时给予援助。生产期间，应打开通风窗和天窗，以保持车间内通风良好。对机组、气柜、输气管道等设施要进行定期巡回检查，一旦发现燃气泄漏，应立即采取相关措施加以处理，无关人员不能接近现场。

贮气柜的安全操作。贮气柜投入运行前应进行全面检查和气密性试验。贮气柜投运时，应结合气化器的烘炉操作，先用燃烧废气将空气排出，彻底吹扫置换，以避免可燃气和空气混合引起燃烧、爆炸。贮气柜检修之前必须先将气柜内的燃气用空气置换干净，才能进行操作或进入气柜，以避免气柜内留有可燃气引起爆炸、中毒事故。

气化站防火。气化站区域内不得设置与机组运行无关的易引起火灾的设备与建筑物，不得存放与机组运行无关的易燃易爆物品。站内秸秆必须堆放在储料仓库内并堆放整齐。站内必须严禁烟火，要有醒目的防火、防毒标志。消防设施应保持完好，消防水源充足，并有专人负责。气化站操作、管理人员应事先经过培训，熟练掌握操作技能和管理知识，应熟悉防火、灭火知识，并能熟练操作消防设施。操作人员应严格按照操作规范进行操作，不能违章作业。非工作人员未经允许不得入内。

（2）燃气输配管网的安全运行。燃气输配管网的安全问题主要是防止燃气的泄漏。① 管网的气密性试验。管网安装完毕，覆土前应进行气密性试验，试验管段为贮气柜出门至用户阀前。② 管网的安全运行和通气、检修时的吹扫。供气管道及附属设施应在地面以上设明显标志，不准在燃气管道上方随意施工、挖掘及通过重型车辆。定期巡回检查，发现泄漏应及时处理。要检查各阀门、集水器的工作状况。新系统通气时和需要对管道进行检修时，必须对管路进行彻底吹扫。

（3）燃气的安全使用。燃气的安全使用关系到千家万户，因此教育用户掌握安全用气知识，正确使用燃气用具是重要的安全措施。正常操作时应点火后开气，火焰发生变化或脱火、回火时用调风板调节燃气和空气的比例。用户使用中应经常检查燃气管道、阀门、连接管等处，发现有损坏或泄漏应及时检修更换。秸秆燃气中有较强烈的煤焦味，一旦发现设备漏气，应立即关闭阀门，打开门窗，退出现场，报告专门管理人员。在确认无危险的前提下，方可进行检修。

## 第五节　秸秆工业原料化利用技术

### 一、秸秆人造板材生产技术

#### （一）技术内容

秸秆人造板是以麦秸、稻草、豆秸、棉杆、烟杆、亚麻屑等一年生植物纤维为原料，采用先进工艺技术和设备生产的一种新型人造板材。它以农业废弃物为原料，资源丰富；同时材料来源广泛，价廉易得，产品成本低，经济效益高。秸秆人造板对于缓解我国木材供需矛盾，保护森林资源，维护生态环境意义深远，有国家政策扶持，而且资源采集地的农民每亩可增加百元的收入。由于上述优点，许多发达国家已把农作物秸秆人造板当作木质板材和墙体建筑材料的替代品而广泛应用于建筑行业之中。

目前，秸秆为原料生产的人造板主要有以下几种。

（1）秸秆碎料板。以麦秸秆或稻秸为原料，采用类似木质刨花板生产工艺制造的碎料板，其性能达到木质刨花板标准的要求。秸秆碎料板生产有如下特点：①原料形状为碎料状，主要通过粉碎机加工而成；②采用的是异氰酸酯胶黏剂。

（2）秸秆中高密度纤维板。以麦秸或稻秸为原料，采用热磨的方法将秸秆原料分离成纤维，施加脲醛树脂胶压制成的一种产品，其性能可以达到木制中密度纤维板标准的要求。秸秆纤维板生产有如下特点：①原料形态为纤维，通过热磨分离方法制备；②施加脲醛树脂胶，秸秆中高密度纤维板表面质量好，用途广泛，但存在着游离甲醛释放的问题。

（3）秸秆定向板。秸秆定向板以麦秸或稻秸为原料，用专用机械把原料加工成80~100 mm的秸秆纤维束，施加异氰酸酯胶黏剂，通过定向铺装制成的一种结构板材。

（4）草木复合纤维板。以木材和秸秆为原料，采用热磨的方法分离成纤维，施加脲醛树脂胶，压制成中密度纤维板。要达到木质标准的要求，生产加工具有如下特点：①分别以50%木材原料和50%秸秆原料混合使用；②用热磨方法分别将原料分离成纤维；③施加脲醛树脂胶；④对分离草纤维的热磨机要进行改造，着重改造物料水平预热系统，调整热磨工艺参数。

（5）秸秆墙体材料。充分发挥秸秆材料中空保温性能好的优点，可以把秸秆做成各种各样的建筑材料，主要有四种形式：秸秆模压墙体材料、挤压秸秆墙体材料、平压法轻质保温内衬材料、定向结构板组合墙体。

（6）秸秆包装材料。以秸秆为原料，将其加工成秆状单元，施加异氰酸酯或酚醛树脂后铺装成型，热压成厚度为100mm的大幅面板材，再裁锯成宽度为100mm的板条，也可以将板条再分割成长度为100mm的板块，成为包装箱底层垫块。除了用平压的方式外，还可以把秸秆加工成碎料或纤维，再加压挤压成垫块。

（7）秸秆纤维与塑料复合材料。用废木材废塑料为原料生产木塑复合材料，就是以秸秆纤维为基本原料，代替木材原料与废塑料混合，再用挤塑机加工成各种用途的产品，这种产品即是秸秆纤维与塑料复合材料。

## （二）机具配套

以秸秆为原料生产出来的人造板与传统木质工艺生产出来的人造板相比，在原料贮存、粉碎加工、拌胶方式等方面都有区别。在选择秸秆人造板生产代替传统木材时，要重视秸秆人造板生产工艺特点，研发适合生产秸秆人造板的机械，不能简单地利用木质人造板机械进行改良（图5-45）。

图5-45 秸秆板材制造成套设备

秸秆为原料生产人造板，主要包括原料收集、单元制备、原料干燥、分选、单元施胶、板坯铺装、板坯预压、热压和后期处理等工段。

秸秆人造板生产路线如表5-7所示，按照工艺过程和工艺阶段，可将整个路线划分为"一线九区"和若干个节点："一线"即秸秆人造板生产线，"九区"单元制备区、原料干燥区、原料分选区、施胶区、铺装区、预压区、热压区、处理区、提高成品质量区。

表5-7 秸秆人造板工艺路线及设备选择

| 序号 | 工艺阶段名称 | 主要设备 |
| --- | --- | --- |
| 1 | 原料储备和单元制备阶段 | 秸秆打包机、秸秆拆包机、削片机、刨片机、再碎机、料仓、机械式筛选机 |
| 2 | 原料单元干燥阶段 | 单通道滚筒式干燥剂、转子式刨花干燥机、转筒式筛分机 |
| 3 | 单元分选阶段 | 机械式几何尺寸筛选系统（分选长度和宽度）、气液式分选机（分选厚度） |

（续表）

| 序号 | 工艺阶段名称 | 主要设备 |
| --- | --- | --- |
| 4 | 施胶阶段 | 调胶系统、施胶系统（快速离心拌胶机、滚筒式拌胶机、垂直式拌胶机等） |
| 5 | 铺装阶段 | 板坯铺装系统、板坯传送系统、四头三层铺装系统、四头两层/渐变层铺装系统 |
| 6 | 预压阶段 | 板坯切割系统、平压式周期预压、平压式连续预压、板坯输送系统 |
| 7 | 热压阶段 | 板坯运动状通过压机系统、热压三要素设置与控制系统、成品出板系统、尺寸分割系统 |
| 8 | 后期处理阶段 | 成板砂光系统、尺寸稳定处理系统、增强处理系统 |
| 9 | 提高成品质量，改善成品用途阶段 | 功能改进处理系统、表明装饰处理系统等 |

### （三）操作规范

（1）贮存物料应注意避免虫蛀、发霉变质、火灾。

（2）避免采用异氰酸树脂胶粘接时，板坯热压后与压板粘连的问题，可在铺装时在板坯上下表面铺撒一层不施胶的粉状物料，使施胶的板坯在热压时与压板隔离，达到不粘板的效果。

（3）破坏麦秸、稻草秸秆表面的二氧化硅膜，可采用锤击的方式，还可根据不同种类物料的特性，使用有针对性的锤头。

（4）解决亚麻屑、豆秸、棉杆等秸秆材料的麻纤维易结团的问题，可以采用脱麻机进行长纤维的分离，采用短纤维分离设备进行短纤维分离，干燥和气力输送时采取措施再行分离，通过对铺装机改进设计进行最后的纤维分离。通过多次的逐渐分离，使各工序生产正常进行，从而保证产品质量。

## 二、秸秆木糖醇生产技术

### （一）技术内容

自然界中存在着大量的木质纤维素，如麦糠、谷壳、木屑等生物质资源，木质纤维素包含40%~50%的纤维素、25%~35%的半纤维素和15%~20%的木质素组成，其中天然半纤维素的水解产物中超过80%是木糖。通过化学方法或生物方法，可以用木糖作为底物来生产多种化合物或能源，其中比较热门的一个产物就是木糖醇。

木糖醇属于多元醇,分子式为 $C_5H_{12}O_5$,白色晶体,易溶于水及乙醇中,其甜度高于蔗糖。制取木糖醇时,主要采用含有多缩戊糖的农业植物纤维废料,如玉米芯中含有多缩戊糖 30%~40%,棉籽壳中含有多缩戊糖 25%~30%。生产 1 吨木糖醇需要玉米芯 10~12 吨或棉籽壳 15~18 吨。用玉米芯生产木糖醇,可增加玉米芯的经济效益,同时有利于减少环境污染。

目前,木糖醇的生产制备工艺有固液萃取法、化学法、生物转化法 3 种,如图 5-46 所示为现阶段使用该 3 种方法制备木糖醇的生产工艺示意图。

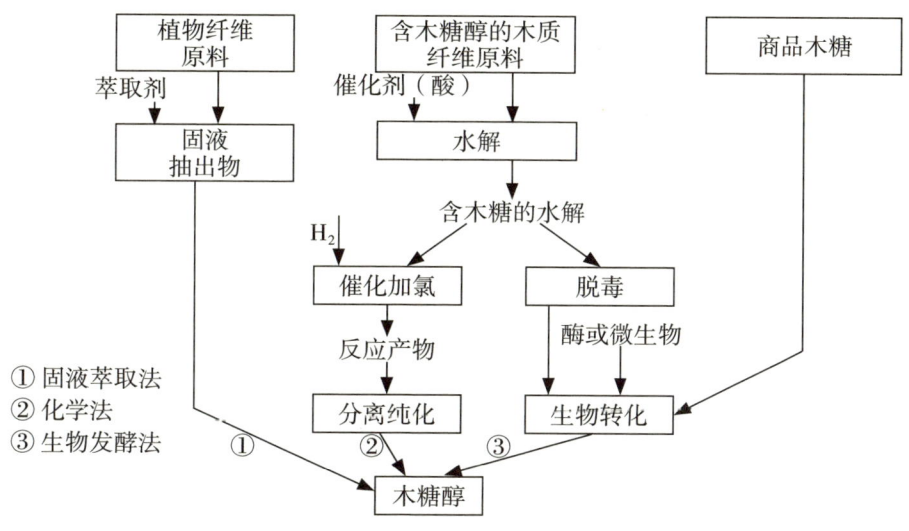

图 5-46 木糖醇生产工艺流程示意

现以玉米芯为例,介绍从中提取木糖醇的具体工艺流程和方法(图 5-47)。

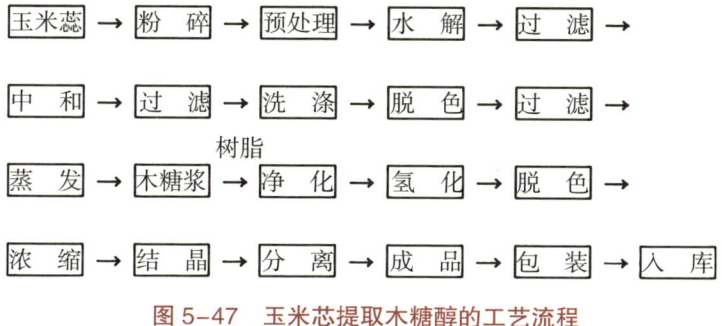

图 5-47 玉米芯提取木糖醇的工艺流程

（1）粉碎。无杂质、无霉变的干玉米芯用清水洗净，然后干燥、粉碎，通过 8 目 /cm² 筛网。

（2）预处理。将粉状玉米芯投入处理罐内，加入 4~5 倍量的清水，用蒸汽间接加热至 120℃，保温搅拌 2~2.5h，趁热过滤，滤渣再用等量的清水洗涤 4~5 次，可得滤渣。

（3）水解。把滤渣放在水解罐内，加入 3 倍量的 2.0% 硫酸，搅拌均匀，用蒸汽加热至沸，当温度达 100~150℃时，保温搅拌水解 2.5~3h，并趁热过滤，使水解液降温至 75℃。

（4）中和、洗涤。在不断搅拌下，往水解液中加入碳酸钙悬浮液，调节 pH 值为 3.6，保温搅拌 1.5h 后冷却至室温，静置 12~16h，抽滤或离心分离，再用清水洗涤滤渣 2~3 次，合并滤液。

（5）脱色。间接加热滤液，当温度达到 70℃时，加入 5% 活性炭，保温缓慢搅拌 1h，趁热过滤，此时过滤液的透光度应达到 85% 以上，木糖浓度为 70%~75% 或以上。

（6）蒸发。把上述过滤液注入蒸发器内，用蒸汽加热蒸发水分，当木糖含量达 85% 以上时停止加热，冷却至室温，过滤可得木糖浆。

（7）净化。已蒸发浓缩的木糖浆先后流经 732 型阳离子交换树脂和阴离子交换树脂（一般阳、阴离子交换树脂比例为 1.5∶1），可得 96% 以上的无色透明流出液，流出液的 pH 应不呈酸性。

（8）氢化。将上述流出液稀释至木糖含量在 13% 左右的木糖液，然后用碱液将 pH 值调节至 8。用高压泵打入混合器，同时注入氢气，再打进预热器，升温至 90~92℃，已预热的混合液再用高压泵打入反应器，继续升温至 120~125℃，使用氢化催化剂（活性镍）进行氢化反应，所得氢化液流进冷却器降温至室温，再送进高压分离器，可得含木糖醇 13% 左右的氢化液。将氢化液再经常压分离器，进一步除去剩余的氢气，最后可得折光率 15%、透光度 85% 以上的无色或淡黄色透明液。

（9）脱色。将透明液移入夹层脱色罐内，并加热至 80℃左右，在不断搅拌下加入 5% 活性炭，保温 40~60min，然后趁热过滤，可得脱色液。

（10）浓缩。把热脱色液移入夹层蒸发器中，用蒸汽加热浓缩，当蒸发液的折光率为 60% 时停止加热，并趁热过滤，可得含木糖醇 50% 以上的浓缩液。

（11）结晶。将浓缩液移入另夹层蒸发器中，继续加热浓缩至折光率 85% 左右，此时木糖醇含量可达90%以上，然后把浓缩液降温至80℃，移入结晶器内，以每小时降温1℃的速率进行木糖醇结晶，当温度降至40℃时，进行离心分离，分离液返回第二次夹层蒸发器中浓缩，并可得含木糖醇96%以上的白色晶体（成品）。

（12）贮存。把木糖醇晶体装入防潮、无毒塑料袋中，放在干燥、通风处贮存。

## （二）机具配套（图5-48，图5-49，图5-50）

图5-48　木糖醇澄清超滤分离设备

图5-49　木糖醇震动流化床干燥机

图5-50　木糖醇专用摇摆筛

## 三、操作规范

做好原料的保管除杂工作，严防雨淋、霉烂，尽量减少风沙尘土等污染。在投入水解之前，要经过筛分，如能采取水洗处理则更好。

# 第六节　秸秆基料化利用技术

秸秆基料化利用技术的两种主要利用方式是秸秆栽培食用菌技术和秸秆植物栽培基质加工技术。

## 一、秸秆栽培食用菌技术

秸秆栽培食用菌技术主要是利用秸秆生产食用菌，利用农作物秸秆生产食用菌主要是利用秸秆的肥料价值。秸秆食用菌生产技术包括秸秆栽培草腐菌类技术和秸秆栽培木腐菌类技术两大类。

草腐菌是以禾草茎叶为生长基质的菌类。如双孢蘑菇、双环蘑菇和草菇。麦秸、稻草等禾本科秸秆是栽培草腐菌类的优良原料之一，可以作为草腐菌的碳源，通过搭配牛粪、麦麸、豆饼或米糠等氮源，在适宜的环境条件下，即可栽培出美味可口的双孢蘑菇和草菇等，以下以秸秆栽培双孢蘑菇和草菇技术设备为例。

木腐菌是指生长在木材或树木上的菌类。如香菇、黑木耳、灵芝、猴头、平菇、茶树菇等。玉米秸、玉米芯、豆秸、棉籽壳、稻糠、花生秧、花生壳、向日葵秆等均可作为栽培木腐菌的培养料。随着棉籽壳价格的上涨，利用秸秆进行平菇栽培成为首选。木腐菌种类较多，对生长环境的要求不一。但栽培的环节比较相似，以下以秸秆栽培平菇技术设备为例。

### （一）技术内容

1.双孢蘑菇栽培工艺流程及技术（图5-51）

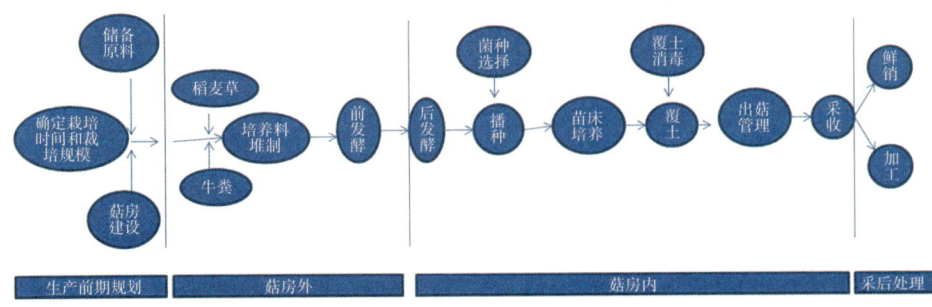

图5-51　双孢蘑菇发酵料栽培工艺流程

（1）栽培时间的确定。双孢蘑菇是中低温性食用菌，发菌最适温度为22~26℃，蘑菇生长的最适温度为16~18℃。我国各地的双孢蘑菇播种季节一般都安排在秋季。

（2）菇房建设。不同产区可以采用不同的栽培模式，如床架层式栽培模式、地栽模式。

（3）原料储备与常用配方。建堆前培养料中的碳氮比（C/N）应为（30~33）:1，粪草培养料的含氮量以1.5%~1.7%为好，无粪合成料的含氮量以1.6%~1.8%为好。常用配方有粪草培养料配方、无粪合成料配方。

（4）培养料的预处理。对于稻草，在建堆前一天进行预湿。预湿方法是将稻麦草先碾压或对切，最好切成30cm左右，摊在地面，撒上石灰，反复洒水喷湿，使草料湿透；对于粪料，必须暴晒干，在暴晒中需将粪耙碎，便于预湿，鲜粪不宜采用。

（5）前发酵。前发酵也称一次发酵，通常在菇房周围的室外堆肥场中进行。堆肥场的料堆堆放地块应铺成龟背形，并在堆场四周开沟，一角建蓄水池。建堆前一天，用石灰水或漂白粉等对堆肥场地进行消毒处理。建堆后的整个前发酵过程需翻堆3~4次。

（6）后发酵。后发酵也称二次发酵。后发酵通常在菇房内进行分散式后发酵（室内后发酵）。后发酵期间的料温变化一般分两个工艺阶段——巴士消毒阶段和控温发酵阶段。

（7）品种选择、播种与发菌管理。优良的菌株和优质的菌种是保障高产的关键。目前国内普遍应用的是由福建省农业科学食用菌研究所选育的杂交品种AS2796。该品种菇质优、抗逆性强，适合于罐藏和鲜销。播种所用的工具应清洁，并用消毒剂进行消毒。播种后的整个发菌期的管理主要是调节控制好菇房内的温度、湿度和通风条件。

（8）覆土及覆土后的管理。目前国内普遍应用的覆土材料为砻糠细土、河泥砻糠土，近年来也推广应用以草炭为主要基质的新型覆土技术，当菌丝长满整个料层时，一般是播种后12~14d，才能进行覆土。

（9）出菇管理。从播种起大约35d就进入出菇阶段，产菇期3~4个月。整个出菇期管理的核心是正确调节好温、湿、气三者关系满足蘑菇生长相对湿度、水分和氧气的要求。

（10）采收和贮运。菌盖未开、菌膜未破裂时，及时采收。采收前应避免喷水，采收时，应轻采、轻拿、轻放，保持菇体洁净，减少菇体擦伤。

## 2. 草菇栽培工艺流程及技术（图5-52）

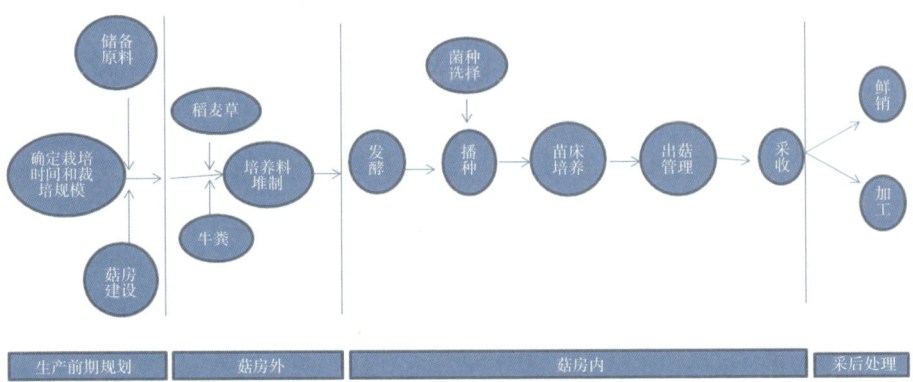

图 5-52　草菇发酵料栽培工艺流程

（1）栽培时间的确定。在自然条件下，通常安排在5—9月，在日平均气温达到23℃以上时开始栽培，6月初至7月初栽培最为适宜。若菇房有加温设备，室温达到28~32℃，即可实现周年生产。

（2）场地选择。目前栽培方式主要有室外畦式栽培和室内床架式栽培两种。室外畦式栽培是室外露地常用的一种栽培方式。其特点是成本低，灵活性强，操作简单。室内床架式栽培，有的是利用蘑菇房床架，有的是改进香菇出菇架，有的是借鉴双孢蘑菇标准化菇房而建造。

（3）原料储备。稻草尽量选用单季晚稻或连作晚稻草，并要求干燥，无霉烂。常用配方：配方1，稻草500 kg + 石灰10 kg；配方2，稻草500 kg + 麦麸35 kg + 石灰粉10 kg；配方3，稻草500 kg + 干牛粪粉40 kg + 过磷酸钙5 kg + 石灰粉10 kg。根据培养料配方和生产规模，计算所需贮备原料数量。

（4）培养料的预处理和发酵。包括预湿、上架、巴氏灭菌。

（5）品种选择。一定要在正规的有生产资质的菌种生产单位购买。各地应根据市场要求选择品种。

（6）播种和发菌管理。待料温降至38℃左右，抢温接种，随后盖上塑料薄膜1~2d，以免菌种失水。播种后第5天，检查床面发菌情况，如菌丝已基本长满料，就必须采取以下四项措施，促进草菇原基形成：降温、增加光照、通风、加湿。

（7）出菇管理。保持室温28~32℃，并喷雾增湿，保持空气湿度90%~95%，利用中午气温较高进行通风换气，每天通风时间控制在10~15min，防止风直接吹入床面，当菇棚室温低于27℃时应及时加温，这事关草菇栽培的成败。

（8）采收。一般播种第10天开始有少量菇采收，采收要及时，菇形是蛋形最适。

### 3. 平菇栽培工艺流程及技术（图5-53）

按照培养料配方配制培养基，装袋后灭菌，经冷却后接种，然后发菌培养，最后经出菇管理和采收，即可完成木腐菌的栽培过程。

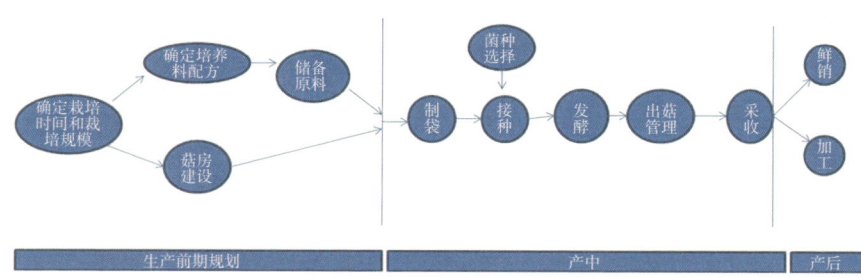

**图5-53　平菇栽培工艺流程**

（1）栽培时间的确定。平菇发菌时间一般为30d左右，发菌期核心问题是控温。

（2）场地选择。平菇抗杂能力强，生长发育快，可利用栽培的环境比较多，如：闲置平房、菇棚、日光温室、塑料大棚、地沟等。

（3）原料储备。可用于栽培平菇的培养料种类很多，几乎农林业的废料都可作为平菇栽培的主料，如各类农作物秸秆、皮壳、树枝树杈、刨花、碎木屑等，栽培平菇的辅料也很多，麦麸、米糠、豆饼粉、棉仁饼粉、花生饼粉等都是平菇很好的氮源添加物。

（4）品种选择。由于平菇栽培种类多，商业品种也多，性状各异，可以根据不同的用途划分品种的类型。

（5）常见栽培方式。地面块栽是将培养料平铺于出菇场所的地面上，用模具或挡板制成方块，块的大小可根据场所的方便而定；墙式袋载是将培养料分装于塑料袋内，生料栽培或熟料栽培（图5-54）。平菇抗杂菌能力强，但在高温季节墙式袋栽时，为了防止杂菌污染，避免药物防治的风险，最好熟料栽培，熟料栽培的培养料要高温灭菌，需在100℃常压下灭菌10~12 h。

生态农业机械化技术及装备

图 5-54　墙式袋栽栽培模式

（6）培养料的预处理和发酵。先将原料切碎至适宜的大小，如麦秸、玉米芯等，发酵前都要切碎，不能整个秸秆使用。发酵期间要防雨淋。

**（二）机具配套**

秸秆粉碎处理后进行食用菌生产时，可以应用以下几种机械设备。

图 5-55　有机肥翻堆机

如图 5-55 所示的有机肥翻堆机可用于食用菌种植基质的大批量生产过程中，可以起到翻堆、搅拌、破碎、充氧、调节原料堆温度与湿度的作用。

如图 5-56 所示的小型搅拌机，适用于一家一户的食用菌菌料的生产。其采用汽油动力结构，用于各种散装食用菌原料的原料翻拌，将各种原料就地分层摊铺，机器通过料耙，把原料送入喂料轮，再经过离心风轮加速抛出出料口，随机带有驱动机构，省力省时、翻拌均匀、功效高。

图 5-57 所示的机械为 GXMQ 系列蘑菇专用灭菌器，可根据不同的灭菌要求，调节灭菌时间、温度、压力等参数，具有灭菌周期短、节省蒸汽资源、延长瓶筐寿命、灭菌无死角、充分保护培养基有效成分等特点。

图 5-56　小型食用菌菌料搅拌机　　　图 5-57　食用菌灭菌器

图 5-58 和图 5-59 所示的食用菌菌棒自动化生产流水线由基质混合机、输送机、储料分配机、自动变频控制袋装主机和电器控制柜等组成。具有生产效率高、袋装质量稳定、使用维修方便等特点，适用于中等规模以上食用菌专业合作社、大中型工厂使用。

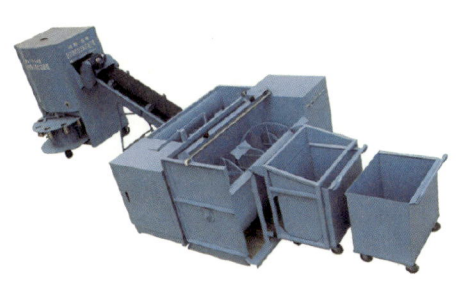 

图 5-58　食用菌基质槽式混合搅拌机　　　图 5-59　食用菌菌棒自动化装袋生产线

图 5-60 所示的半自动菌棒装袋机需要一人上料、一人套袋，相较于图 5-59

所示的生产线更适合农户生产使用,每小时可装袋 800~1 000 袋,较大程度上节省了人力和劳动时间,大大减少了污染。

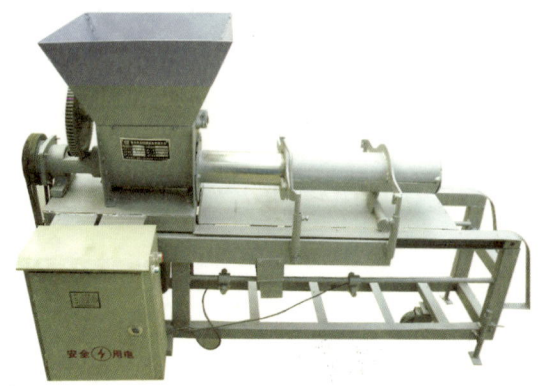

图 5-60　简易半自动化菌棒装袋机

### (三)操作规范

(1)碳氮比是培养料配制的核心原则,在培养料搭配时既要兼顾营养合理,也要兼顾培养料的透气性、吸收性等物理性状。

(2)良种是成功生产的基础,也是丰产的关键之一。所以,要确保食用菌种质量可靠。

(3)温度、湿度、光照和通风是保障食用菌茁壮生长的外部因素,调控要及时、灵活。

(4)病虫害预防是食用菌生产的关键,综合防治是对策。

## 二、秸秆植物栽培基质加工技术

无土栽培是传统农业生产向现代化、规模化、集约化转变的新型栽培方式,具有高产、优质的特点,并可避免土传病害及连作障碍,而基质栽培是无土栽培的重要类型。秸秆中含有大量的木质素、纤维素、半纤维素和粗蛋白质等养分。在国外利用秸秆种植蔬菜已有 50 多年的历史,秸秆栽培基质在欧洲和加拿大的应用也非常普遍。

### (一)技术内容

秸秆栽培基质制备技术是以秸秆为主要原料,添加其他有机废弃物以调节碳氮比和物理性状(如孔隙度、渗透性等),同时调节水分使混合后物料含水率在 60%~70%,在通风干燥防雨环境中进行有氧高温发酵,使其腐殖化与稳定化。

目前国内外秸秆基质化利用的流程主要包括秸秆原料预处理、与其他物料合理配比（复配）以及基质性状调控三大部分。生产流程见图5-61。

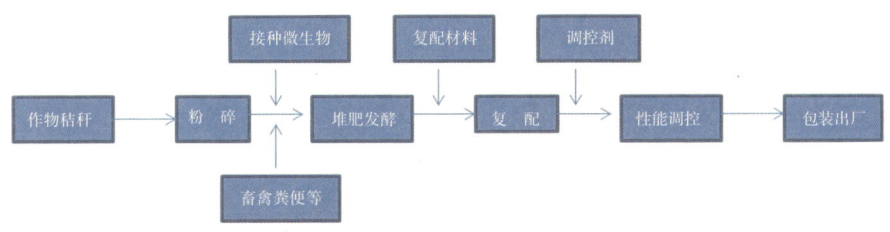

**图5-61 秸秆栽培基质化生产工艺流程**

秸秆预处理技术主要有机械粉碎和堆肥发酵技术。秸秆作为基质原材料，其物理、化学性质或生物学稳定性未能达到理想基质的标准，因此需要通过后期加工处理改良其性质以达到育苗或栽培要求，称为秸秆的预处理。预处理分为物理法和化学法两类。物理法有粉碎、过筛和混配等；化学法有发酵、淋洗和使用发酵添加剂等。若秸秆颗粒过大，除采用粉碎、过筛方法外，通过发酵降解也可改变基质粒径。粉碎后的粒径大小对发酵时间和腐熟程度等也有一定影响。

**1. 秸秆的堆腐发酵**

堆腐发酵是利用自然界大量的细菌、放线菌和真菌等微生物对秸秆进行生物降解，最终秸秆等原材料以简单的无机物、小分子有机物和腐殖质形态存在，而腐殖质则是理想的植株长效肥源。堆腐发酵除了将秸秆降解为有效有机肥之外，还会产生50~70℃的高温，不仅干燥了物料，也杀死了虫卵和病菌等有害生物，同时提高了基质的安全性和化学稳定性。

**2. 与其他物料的复配**

单一秸秆和粪便等有机物料堆腐发酵后用于栽培基质，常存在容重过大、通气孔隙度过低等物理性状缺陷，需要通过与其它基质材料再次混配来改善物理性状。同时，有机基质的生物稳定性差，物理性状不稳定，需要通过与无机基质混合浸泡改善其稳定性。秸秆堆腐后与土壤、河沙、炉渣、糖醛和锯末等材料复配可显著改善其持水性、容重和孔隙特征等物理性状，用于蘑菇、草莓、番茄和青椒等作物的栽培，可取得良好的生产效果。

参考配方：有机物料添加量60%左右（其中秸秆20%~35%，牛粪20%~35%，草炭0~20%，菇渣0~25%）；无机原料40%左右（其中蛭石0~10%，河沙或荒漠沙 0~35%，炉渣 0~35%，菇渣 0~25%）。

**3. 基质调控剂的添加**

由于基质材料本身的缺陷，基质材料配比成功后仍可能存在保水保肥性差的问题，因此需要添加调控材料，也就是基质调控剂（如吸水树脂、生物炭、凹凸土、保水剂、腐殖酸和硅藻土等）来改善其理化性质。

**（二）机具配套**

从秸秆原料到基质产品打包出厂，所用设备主要包括粉碎机、发酵设备、混合设备（复配搅拌机）和计量打包机等。其中，粉碎机可使用秸秆好氧堆肥技术秸秆粉碎机。

**1. 发酵设备**

常见的几种发酵方式有槽式好氧发酵、条垛式发酵、密闭式高温发酵。

图 5-62　槽式翻抛机

（1）槽式好氧发酵。利用生物学特性结合机械化技术，利用自然微生物或接种微生物将秸秆完全腐熟并将有机物转化为有机质、二氧化碳与水，易实现工厂化规模生产，不受天气季节影响，对环境造成的污染小。根据设备不同，发酵槽的宽度一般为 3~20m，深度一般为 0.8~1.5m，长度在 50~100m，可据实际情况设计（图 5-62）。

（2）条垛式发酵。将原料混合物堆成长条形的堆或条垛，通过人工或机械的定期翻堆，配合自然通风来维持堆体中的有氧状态，在好氧条件下进行发酵分解。垛的断面可以是梯形、不规则四边形或三角形。条垛式堆肥发酵是将物料铺开成行，在露天或棚架下堆放，每排物料宽 2~3m，高 1~1.5m，长度根据实际情况而定，物料堆下面可装置通气管道，也可不装通气设施。条垛式堆肥处理的特点是可将物料放置在离农田较近的地方，可以不要专用的厂房，但处理时间比较长。如果采用露天的方式，受天气、季节影响比较大（图 5-63）。

（3）密闭式高温发酵。将秸秆经过传送带传输到发仓，经过高温、有氧发酵，整个过程都在发酵仓内完成，无气味污染，从而减少干燥过程中对环境的污染，以达到国家环保的标准（图5-64）。

**2. 混合设备**

复配材料及基质调控剂与秸秆堆肥的混合均匀度对基质产品理化性状的稳定性至关重要，对发酵效果也有重要影响。目前国内使用的混合机可分为间断式混合机和连续式混合机两种。间断式混合机主要以单轴和双轴混合机为主，利用转动的桨叶进行搅拌，能够有效减少离析状况，使原料与配料充分混合。连续式混合机的结构主要由电机、供料器、管型壳体、转轴和桨叶组成。物料按配方用量由进料口送入混合机，辅料或添加剂按配比通过辅料口进入混合机，混合轴旋转时，桨叶将物料向前方翻动并抛起、混合，然后向出口输送，可实现"边进边出"连续作业。这种混合机占地面积小，可实现连续混合作业，且容易实现无人作业，但其对原料及配料的定量输送要求较高（图5-65）。

**3. 计量打包机**

在秸秆栽培基质制备过程中，可以利用图5-66所示的装袋设备完成栽培基质的机械化装袋，可以大大提高劳动效率、减轻劳动强度。

**（三）操作规范**

（1）发酵腐熟评价指标。秸秆堆肥发酵过程中应严格监测其理化性状动态变化，以腐熟度作为综合评价指标衡量堆肥产品的质量标准。物理指标（如温度、

图5-63　条垛式翻堆机

图5-64　密闭式高温发酵罐

图5-65　连续式混合机

图 5-66　秸秆栽培基质计量装袋机

气味、颜色等）随堆肥过程的变化比较直观，可以用作定性的判断标准；化学指标包括碳氮比、氨化合物、有机化合物、阳离子交换量和腐殖质含量等；生物学指标包括微生物种群和数量、酶种类及活性、植物毒性指示以及一些卫生指标。

（2）复配材料比例控制。秸秆复合基质作为一种轻型基质，其容重、密度和总孔隙度应适中，还需控制复配材料珍珠岩等的比例。国内工厂化容器育苗实践表明，容重大于 $0.78\ g/cm^3$ 的基质透水保水性能差，而容重小于 $0.3\ g/cm^3$ 的基质因结构过于疏松不能固定苗木，浇水时苗木出现倾斜现象。珍珠岩密度比水小，在大量灌水时会浮在水面致使下层珍珠岩颗粒与根系脱离，造成伤根，植株容易倒伏。因此切忌复配时为了降低容重而添加过量的珍珠岩和蛭石。经验表明，通常珍珠岩比例不超过 30%。

（3）基质性能评价。基质材料的配比要根据不同基质材料理化性质及植株生物学特性作出调整。秸秆基质复配后各项理化指标如容重、孔隙度、pH 值、电导率和养分含量等往往不能同时达到理想的标准范围，各项物料的添加在改善一部分性状的同时，往往对其他指标产生一定程度的负面作用，因此最佳配方的选择和评价还应通过基质栽培实验验证，以作物生长状况优劣作为重要参考标准。

（4）基质安全性评价。由于中国畜禽饲料添加剂质量标准和管理不够严格，造成许多饲料添加剂中大量使用铜、锌、锰、钴、硒、砷等中微量元素，畜禽粪便中重金属和有机污染物超标率高，因此，秸秆基质添加畜禽粪便时应严格测定其重金属等有害物质含量，含量较高的基质不能用于可食作物栽培，而应多用于观赏性植被的栽培。

# 第六章 粪污资源化利用技术

## 第一节　粪污清理机械化技术

### 一、猪场清粪技术

规模猪场粪污主要是生猪产生的粪便、尿液及冲栏污水。目前规模猪场的清粪方式主要有：水泡粪和干清粪等方式。

#### （一）水泡粪技术

在畜禽养殖舍内的排水沟中注入一定量的水，粪尿、冲洗和饲养管理用水全部排放到缝隙地板的沟中储存一定时间后（一般为1~2个月），粪沟装满后，打开出口的闸门，将沟中的污水排出，使清水流入便主干沟，进入地下粪池或用泵抽吸到地面储粪池。

水泡粪的优点是比水清粪工艺节约用水和人力，操作简单，不受气候影响。不足是粪污长时间在猪舍停留，产生厌氧反应、产生大量的臭气，影响养殖环境，粪水混合物的污染浓度高，后续处理难度大、成本高。

#### （二）干清粪技术

猪场清粪方式，可从养殖生产工艺改进入手，本着减量化的原则，采用多途径的"清污分流、粪尿分离、干湿分离"等手段减少污染物的产生和数量；采用干清粪工艺，减少粪污的产生量和排放总量，降低污水中的污染物浓度，从而降低处理难度及处理成本，同时也可使固体粪污的肥效得以最大限度的保存，干清粪方式是减少和降低养猪生产给环境造成污染的重要措施之一，是目前粪污处理的最佳方法。

干清粪工艺的主要方法是，粪便一经产生就将粪、尿和污水分离，并分别清除，干粪由机械或人工收集、清扫、运至粪便堆放场，尿及冲洗污水则从下水道流进污水池贮存，分别进行处理。

为了便于粪便与尿污分离，排粪区地面要有坡度，尿液、污水顺坡流入粪尿沟，粪尿沟上设铁箅子，防止猪粪落入。尿沟内每隔一定距离设一沉淀池，尿和污水由地下排出管排出舍外。

### （三）机动铲式清粪技术

机动铲式清粪机一般为在小型拖拉机前悬挂刮粪铲，将猪粪由粪区通道推出舍外。铲式清粪机灵活机动，可一机清多舍，而且结构简单，维护保养方便；目前，铲车清粪工艺运用较多，清粪机主要推铲部件不是经常浸泡在粪尿中，受粪尿腐蚀不严重，而且不需电力，适合于缺少电力的猪场使用。机动铲式清粪机适用于南方开放式或半开放式畜舍，也适合北方各种舍外排粪猪场的清粪工作。

### （四）刮板清粪技术

我国大型机械化养猪场大多采用刮板清粪设备。刮板清粪有两种方式，一种为明沟刮板清粪；另一种为地面设漏缝地板，便经踩踏落入粪沟，然后使用刮板刮出舍外。刮板清粪多为粪尿混合，如果使粪尿分离时漏缝地板下的粪沟应设宽沟和窄沟两部分，宽的是粪沟，窄的是尿沟，并且沟底有斜坡，能使粪尿分离，用于明沟刮粪的机械一般为往复式刮板清粪装置，该清粪装置是由刮粪板和动力装置组成，清粪时，刮粪板作直线往复运动进行清粪，将粪道上的粪便向前推进，返回行程时刮粪板抬起，将粪便遗留在地面，再在下一个工作行程中由前一个刮粪板将其继续推进直至运到猪舍一端。粪便进入堆肥车间进行无害化处理生产有机肥料（图6-1）。

机械清粪的缺点是一次性投资较大，运行维护费用较高，而且我国目前生产的清粪机在使用可靠性方面还存在欠缺，故障发生率较高，此外，清粪

图 6-1　刮板清粪技术

机工作时噪声较大，不利于猪的生长。

### （五）雨污分离技术

对猪场已有的户外粪水排放明沟，对其进行封闭改造，防止雨水进入其中，实现雨污分离。对新建猪场，在猪舍屋檐雨水侧，修建雨水明渠，雨水明渠的基本尺寸为 $0.3 m \times 0.3 m$；在猪舍的粪污排放口或集粪池排放口，铺设污水输送管道，管道直径在 200 mm 以上，粪污通过管道直接输送至粪污处理系统，对于重力流输送的粪污管道，管底坡度不低于 2%。雨污分离，可以减少进入猪场粪污处理系统的污水量。

### （六）发酵床养殖技术

猪的污染主要来自尿的排放，微生物发酵床养猪，将谷壳、锯末、米糠等和微生物添加剂按一定比例混拌均匀调整其水分后，进行堆积，促进有益微生物菌群繁殖，发酵后将垫料放进猪舍里，铺垫厚度 40~100 cm。猪舍地面铺设有机垫料，垫料里含有相当活性、能处理粪尿的有益微生物，猪在生长过程中，粪尿都排泄到垫料上，生猪粪尿可以为垫料中的有益菌提供营养，保持有益菌的生长繁殖，垫料里的有益微生物能够迅速有效地对猪粪尿进行降解、消化。通过调节饲养密度，垫料中的微生物可以使猪粪尿得到充分分解，将其转化为有机物和水分，不产生任何有毒气体，使猪舍无臭气、无污染物排放。

因此，猪舍不需要每天清扫和冲洗，不会产生冲洗圈舍的污水，猪的粪与尿混合在垫料里，经微生物作用后与垫料一起变成有机肥料，所以没有任何污水排出养猪场。垫料使用一段时间后清出，清出的垫料进行高温发酵，进一步无害化处理和腐熟，生产有机肥，用于果树、农作物，达到循环利用、变废为宝的效果。

在通风良好的猪舍内，猪的粪尿被微生物迅速分解，不会产生臭气，冬季垫料在微生物的作用下可以提高猪舍温度，但夏季猪舍需要采取一定的降温措施。由于发酵床养猪过程中无须人工清粪、冲洗猪床、打扫圈舍，一方面可以减少饲养人员，节省人工支出，另方面可减少水资源消耗，节省水费。

## 二、牛场清粪技术

### （一）人工清粪技术

人工清粪，即人工利用铁锹、铲板、笤帚等将粪便收集成堆，人力装车运至堆粪场或直接施入农田，是小规模牛场普遍采用的清粪方式。当便与垫料混

生态农业机械化技术及装备

图 6-2 人工清粪技术

合或舍内有排尿沟对粪尿进行分离时，粪便呈半干状态，此时多采用人工清理。由饲养员定期对舍内水泥地面上的牛粪进行人工清理，尿液和冲洗污水则通过牛舍两侧的排尿沟排入贮存池。人工清粪一般在奶牛挤奶或休息时进行，每天 2~3 次。

人工清粪无须设备投资、简单灵活；但工人工作强度大、环境差，工作效率低。随着人工成本不断增加，这种清粪方式逐渐被机械清粪方式取代（图 6-2）。

**（二）半机械清粪技术**

半机械清粪将车、拖拉机改装成清粪车，或者购买专用清粪车辆、小型装粪机进行清粪。目前，铲车清粪工艺运用较多，是从全人工清粪到机械清粪的过渡方式。清粪铲车由小型装载机改装而成，推粪部分利用了废旧轮胎制成一个刮斗，更换方便，小巧灵活。驾驶员开车把通道中的粪刮到牛舍一端的积攒池中，然后通过吸粪车集中运走（图 6-3）。

采用这种方式清粪，操作灵活、方便，提高了工作效率，降低了人工成本；但是运行成本高，且只能在牛群去挤奶的时候清粪，工作次数有限，否则工作噪音大，易对牛造成伤害和惊吓。

图 6-3 半机械清粪技术

**（三）刮板清粪技术**

新建的规模牛场主要使用刮板清粪，该系统主要由刮板和动力装置组成。清

图 6-4 刮板清粪技术

粪时,动力装置通过链条带动刮粪板沿着牛床地面前行,刮粪板将地面牛粪推至集粪沟中。这种设备初期的投资较大,当牛舍长度在 100~120 m 和 200~240 m 时,设备的利用效率最高;设备的耗电量不超过 18 kW/d,仅需对转角轮进行润滑维护(图 6-4)。

该清粪方式能随时清粪,机械操作简便,工作安全可靠,刮板高度及运行速度适中,基本没有噪音,对牛群的行走、饲喂、休息不造成任何影响。刮粪板不需要专门的安装基础,无论是新建的还是旧牛舍,除集粪池外,设备的安装都非常方便。

### (四)水冲清粪技术

水冲清粪多在水源充足,气温较高的南方地区使用。采用水冲清粪方式的牛场一般设有冲洗、水冲泵、污水排出系统、贮粪池、搅拌机、固液分离机等。用水冲泵将牛舍粪污由舍内冲至牛舍端部的排尿沟,再由排污沟输送至贮存池,搅拌均匀后进行固液分离,固体粪便送至堆粪场经堆积发酵制作有机肥或者直接施入农田,也可晾晒后作为牛床垫料使用;液体进行多级净化或者沼气发酵,也可用作冲洗水塔的循环水源。

污水排出系统,一般由排尿沟、降口、地下排出管及集水池组成。排尿沟一一般设在高栏的后端，通至舍外贮存池。排尿沟的截面形式一般为方形或半圆形。降口，通称水漏，是排尿沟与地下排出管的衔接部分；为了防止粪草落入堵塞，上面应装铁笆子，在降口中可设水封，以阻止粪水池中的臭气经由地下排出管进入舍内。地下排出管，与排尿管垂直用于将由降口流下来的尿及污水导向牛舍外的水池：在寒冷地区，需对地下排出管的舍外部分采取防冻措施，以免管中污液结冰；如果地下排出管较长时，应在墙外设检查井，以便在管道堵塞时进行疏通。

水冲清粪方式对牛舍地面有一定的要求，牛舍地面必须有一定的坡度、宽度和深度，牛舍温度必须在0℃以上。在寒冷的气候下，如果不能保证牛舍0℃以上的温度，系统很难正常运行，因此，更适合在南方地区使用。水冲清粪也在地面铺设漏缝地板的牛舍使用地面下设粪沟，尿液从地板的缝隙流入下面的沟，固体粪便被家畜踩入沟内，少量残粪通过人工冲洗清理，粪便和污水通过粪沟排入储水池。牛舍漏缝地板多采用混凝土材质，经久耐用，便于清洗消毒。

水冲清粪方式需要的人力少、劳动强度小，劳动效率高，能保证牛舍的清洁卫生。缺点是：①冲洗用水量大、产生的污水量也大；②污水贮存、管理、处理工艺复杂；③北方地区冬季易出现污水冰冻的情况。

## 三、鸡场清粪技术

机械清粪利用专用的机械设备替代人工清理出笼养鸡舍地面的固体粪便，机械设备直接将收集的固体粪便运输至鸡舍外，或直接运输至粪便贮存设施；地面残余粪尿同样用少量水冲洗，污水通过粪沟排入舍外贮粪池。

### （一）刮板式清粪技术

刮板清粪是机械清粪的一种，在笼养鸡场广泛使用。刮板清粪主要分链式刮板清粪和往复式刮板清粪，通过电力带动刮板沿纵向粪沟将粪便刮到横向粪沟，然后被排出舍外（图6-5）。

**图6-5 刮板式清粪技术**

### （二）输送带式清粪技术

输送带式清粪主要用于叠层养鸡舍，在过去几十年中成功用于笼养鸡的粪便收集。输送带式清粪系统由电机和减速装置、链传动、主动辊，被动辊，承粪带等部分组成。其工作原理是：承粪带安装在每层鸡笼下面，鸡排泄的粪便自动落入鸡笼下的承粪带，并在其上累积，当系统启动时，由电机和减速器通过链条带动各层的主动辊运转，在被动辊与主动辊的挤压下产生摩擦力，带动承粪带沿鸡笼组长度方向移动，将鸡粪输送到下一端，然后由端部设置的刮粪板刮落，实现清粪。该系统间歇性运行，通常每天运行1次（图6-6）。

图6-6　鸡粪输送带装置

目前，国内输送带式清系统的主要结构参数为：驱动功率1~1.5kW，运行带速10~12 m/min，输送带宽度0.6~1.0 m，使用长度≤100 m。鸡场可根据鸡舍饲养鸡的数量和鸡笼宽度等选择合适的清粪系统参数。

### （三）人工清粪技术

人工清粪即通过人工清理出鸡舍地面的固体粪便，人工清粪只需用一些清扫工具、手推粪车等简单设备即可完成，主要用于网养鸡场。

鸡舍内大部分的固体粪便通过人工清理后，用手推车送到贮粪设施中暂时存放；地面残余粪尿用少量水冲洗，污水通过粪沟排入舍外贮粪池。该清粪方式的优点是不用电力，一次性投资少，还可做到粪尿分离；缺点是劳动量大，生产效率低。因此，这种方式通常只适用于家庭养殖和小规模养鸡场。

### （四）半机械清粪技术

对于网养鸡场、人工清粪效率低、国内又没有专门的清粪设备的情况下，我国推出了用铲车改装而成的清粪铲车，可将其看成是从人工清粪到机械清粪的一

种过渡清粪方式。

机动铲式清粪车通常由小型装载机改装而成、推粪部分利用废旧轮胎制成一个刮粪斗，也可在小型拖拉机前悬挂刮粪铲组成，利用装机或拖拉机的动力将粪便由粪区通道推出舍外。

铲式清粪机的优点是：①灵活机动，一台机器可清理多栋鸡舍；②结构简单，维护保养方便；③清粪铲不是经常泡在粪尿中，受粪尿腐蚀不严重；④不靠电力，尤其适用于缺少电力的养鸡场。

清粪铲式清粪机的缺点是：①该机器燃油，运行成本较高；②不能充分发挥原装载车的功能，造成浪费；③机器体积大，需要的工作空间大、工作噪声较大。

## 第二节　粪污资源化利用机械装备

### 一、清粪机械

清粪机械是一种清理养殖禽舍粪便的机械。使用清粪机械可减轻劳动强度，提高清粪效率，该设备操作简便、工作安全可靠、噪声小，对动物的行走、饲喂、休息不造成任何影响，运行成本低，可实现全天清粪。

#### （一）结构组成

清粪机由机架、动力机构、传动机构、亚麻绳、刮粪板、地脚螺栓、电器系统组成。机架是由具有多年结构设计经验的工程师设计，结构合理，承载能力大，抗冲击性强，结构不变形等优点。机架是采用国标钢材焊制而成。行走动力系统由立式电机配先进的摆线针轮减速机或齿轮减速驱动实行，驱动无损耗，故障率低，寿命长并且运行平稳噪声小，减少噪声对鸡只的影响，提高产蛋率。传动机构由链轮、链条、主动绳轮、被动绳轮组成。链轮由45#钢材锻造，采用先进的数控设备加工后，经过高频热处理，充分的提高了链轮的强度和耐磨性。主动绳轮与被动绳轮采用先进的铸件工艺铸件而成。内部结构匀称，使用中耐磨性高，加工表面采用"U"形槽结构，各槽之间采用R弧过渡，减少绳的摩损。过渡轮内部安装高耐磨轴承，耐用度高，并采用下面多边轮的结构，加大绳与轮之间的摩擦力大大解决了绳索掉槽打滑的现象出现。另外，在过渡轮外面加装防护罩，大大防止了一些事故的发生。可使用多种规格的牵引绳。亚麻绳具有防腐、耐磨、坚韧、不易老化、抗拉伸，织成品透气性好、寿命长等特点。刮粪板采用标准 Q235 材料制做，表面喷漆或镀锌处理，具有防腐性高，翻转灵活，翻转角度大，刮粪干净，故障率低等特点。

### （二）工作原理

工作原理是减速机输出轴通过链条或者三角皮带，将动力传到主驱动轮上，驱动轮和牵引绳张紧后的摩擦力做牵引，带动刮板往返运动，刮板工作时，由刮板上月牙滑块擦地自动落下，返回时自动抬起，完成清粪作业（图6-7，图6-8）。

图 6-7　固定式刮粪机

图 6-8　移动式清粪机

### （三）作业规范

（1）操作人员在使用粪污收集机之前，必须认真仔细地阅读制造企业提供的使用维护说明书或操作维护保养手册，按资料规定的事项操作，否则会带来严重后果和不必要的损失。

（2）操作人员穿戴应符合安全要求，并穿戴必要的防护设施。

（3）在作业区域范围较小或危险区域，则必须在其范围内或危险点标示出警告标志。

（4）绝对严禁酒后或过度疲劳驾驶作业。

（5）维修设备需要举臂时，必须把举起的动臂垫牢，保证在任何维修情况下，动臂绝对不会落下。

（6）确保在启动发动机时，不得有人在车底或靠近机械的地方工作，以确保出现意外时不会危及自己或他人的安全。

（7）安装、调整、维修、保养必须在关闭电源状态进行，确保安全。

（8）机器使用前或长期停用再启用，应按产品使用说明书规定进行调整和保养，在使用过程中，定期检查电器控制部件的可靠性和灵敏度。

（9）链条、三角带及牵引绳有伤手危险，机器工作时不得靠近。

（10）使用前应检查减速机油箱，加注规定标号的润滑油，严禁无油开机。

（11）定期检查刮粪机构角轮转动情况。如不转动应及时修理。防止刮粪机构变形与跑偏。

（12）定期对转动部件、牵引绳加涂黄油，以延长使用寿命。

### （四）质量标准

依据 DG11/T 44—2010 畜禽粪便处理设备，标准如表 6-1 所示。

表 6-1　畜禽粪便处理指标要求

| 序号 | 项　　目 | 质量指标要求 |
| --- | --- | --- |
| 1 | 轴承温升，℃ | ≤ 20 |
| 2 | 工作噪声，dB（A） | ≤ 70 |
| 3 | 清洁率，%（畜类粪便） | ≥ 85 |
| 4 | 清洁率，%（禽类粪便） | ≥ 95 |

## 二、固液分离机械

固液分离机械技术主要应用于各类集约化养殖场鸡、牛、猪等动物粪便固液分离。

### （一）结构组成

固液分离机主要由机架、送料系统、挤压系统、控制系统。送料系统由切割泵、输送管、过滤装置组成，挤压系统由滤网、重锤、挤压腔体、电动机、管路组成（图6-9）。

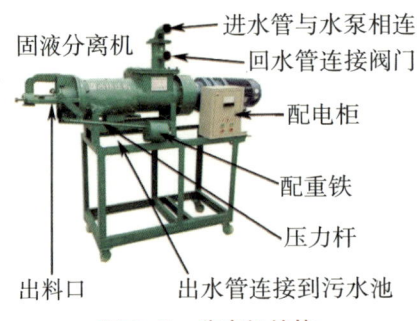

图 6-9　分离机结构

### （二）工作原理

固液分离机工作时先由固液分离机配套的无堵塞液下泵将畜禽粪便水提升送至

固液分离机内，再由绞龙将粪水逐渐推向机器的前方，同时不断提高机器前缘的压力，迫使物料中的水分在挤压过滤的作用下挤出网筛，流出排水管。连续进料挤压使机械前缘的压力不断增大，当大到一定程度时，卸料口顶开，物料挤出挤压口，实现固液分离（图6-10，图6-11）。

图6-10　圆筛式固液分离机

图6-11　水力筛式固液分离机

### （三）作业规范

（1）养殖场应根据养殖规模大小，选择与养殖规模相匹配的固液分离机械设备。

（2）可根据养殖场的实际场地需求，选择地势较为平坦，排放管避免弯直角，减少排放流动阻力。利于输送粪液，利于分离后粪水的排放作业。

（3）开机试运行，确定螺旋轴转动方向正确。用含水率70%左右的物料渣或废报纸、布料等将机器的卸料口填实填满，然后调节配重块位置在最大的力矩上，以形成压力层。

（4）开机前应检查排污管路是否连接牢固。

（5）固液分离机一般正常使用时，每三个月要清洗一次筛网。清洗时，首先将卸料口螺栓取下。然后取出筛网，用清水将堵塞物清洗干净。

（6）根据所需物料含水率调整配重块的位置。

### （四）质量标准

依据DG11/T 34—2010固液分离机，标准要求如表6-2所示。

表 6-2　固液分离机质量指标

| 序号 | 项　　目 | 质量指标要求 |
| --- | --- | --- |
| 1 | 单位处理量能耗，kW·h/m³ | ≤ 0.2 |
| 2 | 噪声，dB(A) | ≤ 85 |
| 3 | 分离后固形物含水率，% | ≤ 80 |
| 4 | 固形物去除率，% | 牛粪水 ≥ 50<br>猪粪水 ≥ 45<br>鸡粪水 ≥ 30 |

## 三、有机肥加工机械

有机肥加工机械是一种专门用于生产有机肥的机械。适用于处理含水率在 70% 左右的处理猪、牛、鸡等畜禽粪便。（搅龙翻抛式有机肥制作机）工作条件：搅龙翻抛式有机肥制作机应在防雨、防雪的棚室内使用，防水侵蚀，保证电气液压系统安全，延长机器使用寿命。物料中不应混杂砖头、石块等硬质杂物。

### （一）结构组成

搅龙翻抛式有机肥制作机由纵向行走装置、横向行走装置、工作部件、液压系统和电气控制系统组成。液压系统由液压工作站、液压马达、液压油缸和管路组成。电气控制系统由电气控制箱、保护装置、行程开关和线路组成。

### （二）工作原理

工作时，由电机驱动并由油缸控制升降的工作搅龙，以一定的倾斜角度伸入发酵池内。利用螺旋工作原理，将物料由发酵池底部向上升运并向后抛送，同时对物料进行搅拌、粉碎，实现充气、调温、调湿作用，为物料中微生物的活动创造适宜的环境。

纵横向行走装置工作时，液压马达驱动钢丝轮带动横向行走装置及工作部件搅龙作横向移动，到达运动终点时，碰撞行程开关，横向行走装置反向运动。纵向行走装置由液压马达作为动力驱动在发酵池上作纵向移动，纵向每次的位移量可以根据生产要求通过调整时间继电器的预置时间进行调节。纵向行走到终点后，碰撞行程开关运动停止（图 6-12）。

槽式有机肥加工机械（1）

条垛式有机肥加工机械（2）

罐式有机肥加工机械（3）

图 6-12　有机肥加工机械

### （三）作业规范

（1）开机前，应确保机器前端位于物料外侧，距离物料堆 1m 以上。

（2）搅龙必须处于升起状态的终点位置。

（3）开机前检查机器的下方、侧面和轨道上无障碍物。

（4）机器工作和维修时，任何人不得进入机器下方，在机器侧面停留时应保持安全距离。

（5）从未翻抛过的粪便进行初次翻抛时，时间继电器定时设为 2s。第二次以上翻抛时将时间继电器定时设为 6s。在工作过程中也可根据生产要求进行时间继电器的时间调整。

（6）机器工作时出现行走定位失灵，遇到障碍物等异常情况时，应迅速按下紧急停止红色按钮，停止机器的各种动作。

（7）机器紧急停车或意外停电停车后，再次启动前需按下述方法首先将搅龙从物料中升起。将手动/自动功能的旋钮开关旋转到手动挡。按下大车功能的向后白色按钮，先操纵大车向后倒退10cm左右；按住搅龙油缸功能的升起绿色按钮，将搅龙升起5cm左右；这样连续操作5~10次直至搅龙从物料层中取出，并升起到最高位置。按下大车功能的向后白色按钮，大车向后运动到起始位置，重新开始工作。

（8）当回油过滤器滤芯堵塞、进油口压力达到0.35MPa时，警报器发出蜂鸣讯号，此时应停机更换滤芯。

（9）使用过程中严禁由于系统的发热而将空气滤清器拿掉。液压系统的工作温度应在-30~60℃，超出此温度范围应停止工作。

（10）闭合电气控制箱的总电源和分电源后，紧急停车按钮红色灯不亮，机器警报灯不闪烁，应检查电源下方的熔断器，如熔化则可更换同型号熔断器。

（11）机器应指定专人操作、日常维修和保养。但液压、电气系统的维修应由专业修理人员进行。

（12）液压系统用油牌号为YA-N46（GB2512-8）。油箱注油时，应从油箱盖上的空气滤清器口注入。注油量为机器进入运行状态后，油箱油位在标尺的2/3处。

（13）新设备启用一星期后，需将全部油液滤清一次，并用汽油清洗油箱和泵吸口滤油器。以后依据系统工作的情况3~6个月更换或过滤一次同牌号液压油。每次换液压油时，油箱要用汽油清洗一次。

（14）液压系统的各连接面、管路接头等处发现漏油现象时，应及时更换"O"形密封圈。

（15）初次使用前，将搅龙升起后向减速箱内加入17#号（普通润滑油即可）的齿轮油，加油量以到达观察油孔高度为准。使用两周后，更换减速箱内的同牌号齿轮油，以后每年更换一次。更换齿轮油时应用汽油清洗减速箱。

（16）每月定期向小车驱动齿轮处和大车行走齿轮处加注10#（普通润滑油即可）润滑脂。

（17）每周检查小车的行程开关的作用可靠性。

（18）将手动/自动功能的旋钮开关旋转到手动挡，启动小车或大车运行后，搬动小车或大车的限位行程开关，观察小车或大车是否停止。如不停止应更换同型号行程开关。检查行程开关挡块是否松动。如松动应坚固，并保证搅龙距离发酵池侧壁10cm的正确位置。

### （四）质量标准

依据畜禽粪便无害化处理技术规范 NY/T 1168-2006 见表 6-3。

表 6-3  畜禽粪便无害化处理质量指标

| 序号 | 项目 | 质量指标要求 |
| --- | --- | --- |
| 1 | 蛔虫卵死亡率，% | ≥ 95 |
| 2 | 粪大肠菌群数，个/千克 | ≤ $10^5$ |
| 3 | 苍蝇 | 有效控制苍蝇生，堆体周围没有活的蛆、蛹或新羽化的成蝇 |
| 4 | 发酵时间 | 发酵温度 45℃ 以上的时间不少于 14d |

## 四、污水处理机械

污水处理机械化技术是一种适用于住宅小区、疗养院、办公楼、商场、宾馆、饭店、机关、学校、水产加工厂、牲畜加工厂、乳品加工厂等生活污水和与之类似的工业有机废水，如纺织、啤酒、造纸、制革、食品、化工等行业的有机污水处理，主要目的是将生活污水和与之相类似的工业有机废水处理后达到回用水质要求，使废水处理后资源化利用的技术设备。

### （一）结构组成

污水处理设备由供料系统、温控系统、吸收系统、稳定系统、安全系统及残液自动处理系统组成。

### （二）工作原理

污水处理机械是通过物理处理法完成一级处理的要求，去除污水中呈悬浮状态的固体污染物质，一般可去除 BOD 30% 左右，达不到排放标准，为了进一步处理难降解的有机物、氮和磷等能够导致水体富营养化的可溶性无机物等；主要方法有生物脱氮除磷法，混凝沉淀法，砂滤法，活性炭吸附法，离子交换法和电渗析法等。工作原理是将污水引往集水池，对集水池末尾一格调节 pH 值，用一级溶气水泵提升到一级压力溶气罐，同时吸入空气和聚凝脱色剂，将在一级压力溶气罐内的一级饱和溶气水骤然释放到一级气浮池，形成一级处理水（图 6-13）。

图 6-13 污水处理机械

### (三) 作业规范

(1) 安装调试人员首先打开进水阀门、出水阀门，启动设备进水提升水泵，将调节池（可土建）的污水输送到污水处理设备中。

(2) 对于初次使用及调试的设备，当水位达到设备 1/2 高度时停止水泵进水，打开风机进水阀，开启风机，缓缓打开风机出风阀，向接触氧化池内曝气 48h 后再启动进水提升水泵将污水加入至设备 3/4 处，再向池内曝气 24h。

(3) 工作人员要用手触摸填料是否有黏状感，同时观察水体微生物生长情况，直至填料上生长出一层橙黄色生物膜，方可连续向设备输送污水，水量应逐步增加至设计水量。

(4) 定时观察水中微生物生长情况，发现异常应及时控制进水水量并加以调整。

(5) 观察二沉池水流流态，出水堰集水必须均匀，一般每隔 24 h 必须排泥一次，排泥时打开排泥电磁阀，利用气提方式将二沉池内的污泥提升至污泥池。

(6) 污水处理设备根据需要在消毒池内加入消毒剂（氯晶片等），二沉池来水经过消毒剂加药罐，药剂部分溶解，达到消毒的目的。经处理过的水在清水箱内停留约 0.5 h 后，就达到了排放要求，可以向外界受水体排放。

(7) 设备调试结束并正常运行后，系统即可进入自动运行。将水泵、风机的操作切换在自动运行状态。

(8) 使用时应不定期对出水水质按照环保排放要求进行检测，以保证污水处理设备正常运行。

(9) 检查安全防护装置是否完整、安全、灵活、准确、可靠。

（10）检查螺丝并进行紧固处理，以防在使用中脱落；检查传动系统各操作手柄，电器开关位置正确无松动。

（11）检查润滑装置是否齐全、完整、可靠、油路畅通、油标醒目，对各种传动部位进行润滑加油。

（12）检查各种管线、管件是否完好，无跑、冒、滴、漏、渗现象。

（13）检查设备的完好性及部件、配件是否缺失，各种工具、附件应摆放整齐，存放有序。

（14）清洁设备各部位，使设备内外干净，滑动导轨和接合处应无油污、锈迹、灰尘和杂物，做到漆见本色，铁见光。

（15）操作岗位要做到"一平""二净""三见""四无"，其中："一平"即工房周围平整；"二净"即玻璃、门窗净、地面通道净；"三见"即轴见光、沟见底、设备见本色；"四无"即无油污、积水、杂物、垃圾。

（16）不盲目信赖开关或控制装置，只有拉开刀闸，有明显断路点才是最安全的。并挂上"禁止合闸，有人工作"标示牌。

（17）不损伤电线，不乱拉电线。发现电线、插头或插座等电气设备有损坏时，及时更换。

（18）拆开的或断裂的裸露的带电接头，必须及时用绝缘包布包好，并放置在人不易碰到的地方。

（19）尽量避免带电操作，带电进行操作经用电负责人批准，并采取有效措施后才能进行。

（20）当有数人进行设备保养时，在接通电源前通知他们。

（21）在带电设备周围禁止使用钢皮尺或钢卷尺进行测量工作。

**（四）质量标准**

依据 DB11/307—2013 水污染物综合排放标准见表6-4。

表6-4　水污染物综合排放标准

| 序号 | 项目 | 质量指标要求 |
| --- | --- | --- |
| 1 | 五日生化需氧量 BOD，mg/L | 6 |
| 2 | 化学需氧量 COD，mg/L | 30 |
| 3 | 氨氮 $NH_3-N$，mg/L | 1.5 |
| 4 | 总悬浮物 SS，mg/L | 10 |

（续表）

| 序号 | 项目 | 质量指标要求 |
|---|---|---|
| 5 | 总磷 P，mg/L | 15 |
| 6 | 粪大肠菌群，MPN/100ml | 4 000 |
| 7 | 总氮，mg/L | 15 |
| 8 | pH 值 | 6~9 |

## 第三节　粪污资源化利用技术模式

### 一、粪污全量还田模式

对养殖场产生的粪便、尿和污水集中收集，全部进入氧化塘贮存，氧化塘分为敞开式和覆膜式两类，粪污通过氧化塘贮存进行无害化处理，在施肥季节进行农田利用（图6-14）。

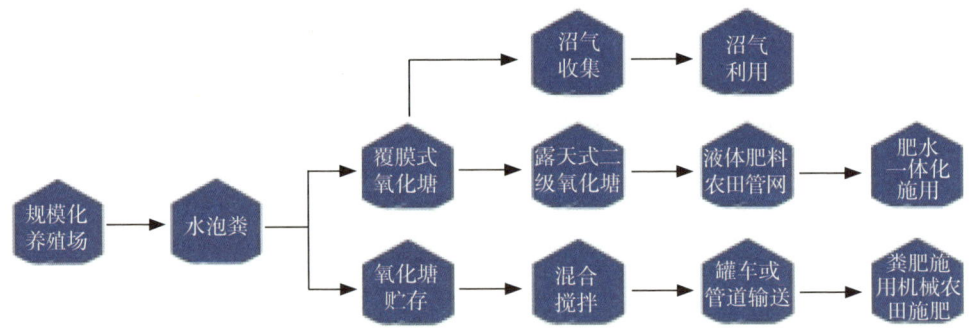

图 6-14　粪污全量还田模式

技术模式优点：粪污收集、处理、贮存设施建设成本低，处理利用费用也较低；粪便和污水全量收集，养分利用率高。

技术模式不足：粪污贮存周期一般要达到半年以上，需要足够的土地建设氧化塘贮存设施；施肥期较集中，需配套专业化的搅拌设备、施肥机械、农田施用管网等；粪污长距离运输费用高，只能在一定范围内施用。

适用范围：适用于猪场水泡粪工艺或奶牛场的自动刮粪回冲工艺，粪污的总固体含量小于15%；需要与粪污养分量相配套的农田。

## 二、粪便好氧堆肥模式

粪便好氧堆肥模式以生猪、肉牛、蛋鸡、肉鸡和羊规模养殖场的固体粪便为主，经好氧堆肥无害化处理后，就地农田利用或生产有机肥（图6-15）。

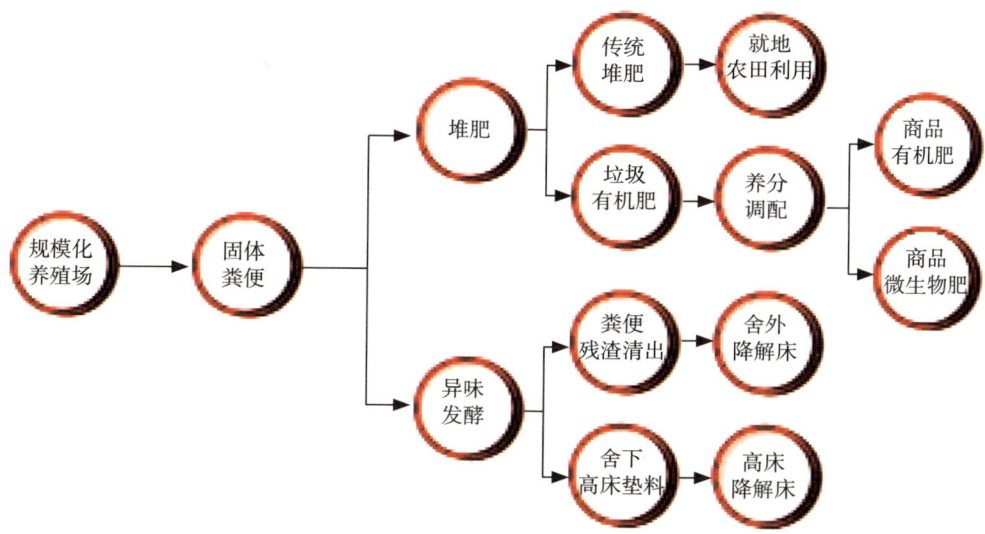

图 6-15 粪便好氧堆肥模式

技术模式优点：好氧发酵温度高，粪便无害化处理较彻底，发酵周期短；堆肥处理提高粪便的附加值。

技术模式不足：好氧堆肥过程易产生大量的臭气。

适用范围：适用于只有固体粪便、无污水产生的规模化肉鸡、蛋鸡或羊场等。

## 三、粪污厌氧处理模式

粪污厌氧处理模式以专业生产可再生能源为主要目的，依托专门的畜禽粪污处理企业，收集周边养殖场粪便和污水，投资建设大型沼气工程，进行高浓度厌氧发酵，沼气发电上网或提纯生物天然气，沼渣生产有机肥农田利用，沼液农田利用或深度处理达标排放（图6-16）。

技术模式优点：对养殖场的粪便和污水集中统一处理，减少小规模养殖场粪污处理设施的投资；专业化运行，能源化利用效率高。

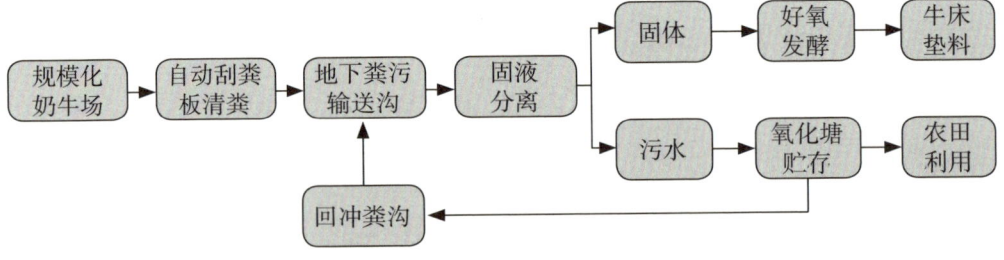

图 6-16　粪污厌氧处理模式

技术模式不足：一次性投资高；能源产品利用难度大；沼液产生量大、集中，处理成本较高，需配套后续处理利用工艺。

适用范围：适用于大型规模养殖场或养殖密集区，具备沼气发电上网或生物天然气进入管网条件，需要地方政府配套政策予以保障。

## 四、粪水肥料利用模式

粪水肥料利用模式将养殖场产生的污水厌氧发酵或氧化塘处理储存后，在农田施肥和灌溉期间，将无害化处理的污水与灌溉用水按照一定的比例混合，进行水肥一体化施用，固体粪便进行堆肥发酵就近肥料化利用或委托他人进行集中处理（图 6-17）。

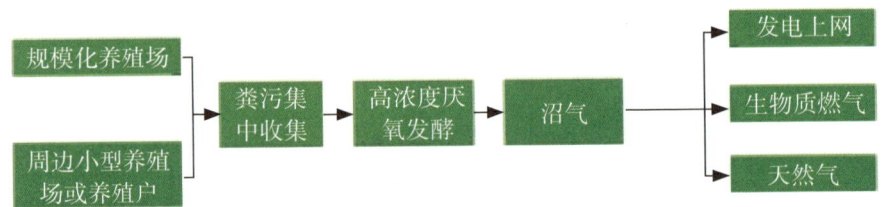

图 6-17　粪水肥料利用模式

技术模式优点：污水进行厌氧发酵或氧化塘无害化处理后，为农田提供有机肥水资源，解决污水处理压力。

技术模式不足：要有一定容积的贮存设施，周边配套一定的农田；需配套建设粪水输送管网或购置粪水运输车辆。

适用范围：适用于周围配套有一定面积农田的规模猪场或奶牛场，在南方宜使用厌氧发酵生产沼气等无害化处理，在北方宜直接使用氧化塘贮存，在农田作物灌溉施肥期间进行水肥一体化施用。

## 五、栽培基质利用模式

栽培基质利用模式以畜禽粪污、菌渣及农作物秸秆等为原料，进行堆肥发酵，生产基质盘和基质土应用于种植业（图6-18）。

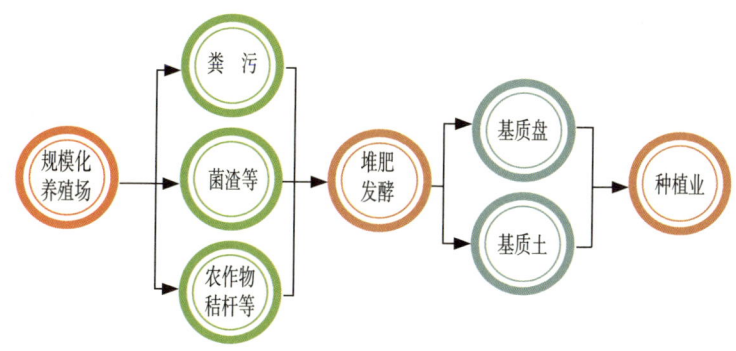

图6-18 栽培基质利用模式

技术模式优点：畜禽粪污、食用菌废弃菌渣和农作物秸秆三者结合，科学循环利用，实现农业生产链零废弃、零污染的生态循环生产，形成一个有机循环农业综合经济体系，提高资源综合利用率。

技术模式不足：生产链较长，精细化技术程度高，要求生产者的整体素质高，培训期、实习期较长。

适用范围：该模式既适用大中型生态农业企业，又适合小型农村家庭生态农场，同时适合小型农村家庭农场分工、联合经营。

## 六、粪便垫料利用模式

粪便垫料利用模式基于奶牛粪便纤维素含量高、质地松软的特点，将奶牛粪污固液分离后，固体粪便进行好氧发酵无害化处理后回用作为牛床垫料，污水贮存后作为肥料进行农田利用（图6-19）。

技术模式优点：牛粪替代沙子和土作为垫料，减少粪污后续处理难度。

技术模式不足：作为垫料如无害化处理不彻底，可能存在一定的生物安全风险。

适用范围：适用于规模奶牛场。

生态农业机械化技术及装备

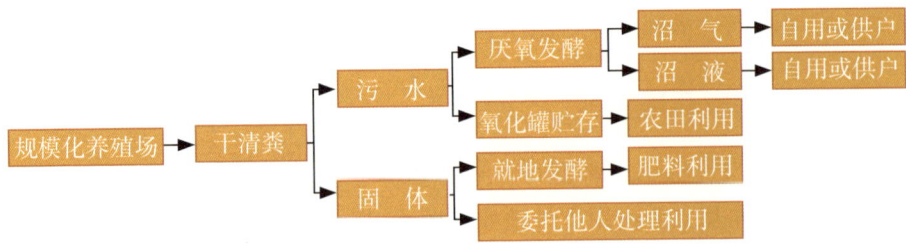

图 6-19　粪便垫料利用模式

## 七、动物蛋白转化模式

动物蛋白转化模式利用畜禽养殖过程中的干清粪与蚯蚓、蝇蛆及黑水虻等动物蛋白进行堆肥发酵，生产有机肥用于农业种植，发酵后的蚯蚓、蝇蛆及黑水虻等动物蛋白用于制作饲料等（图 6-20）。

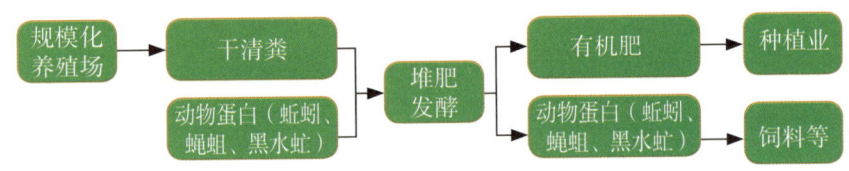

图 6-20　动物蛋白转化模式

技术模式优点：改变了传统利用微生物进行粪便处理的理念，可以实现集约化管理，成本低、资源化效率高，无二次排放及污染，实现生态养殖。

技术模式不足：动物蛋白饲养温度、湿度、养殖环境的透气性要求高，要防止鸟类等天敌的偷食。

适用范围：适用于远离城镇，养殖场有闲置地，周边有农田，农副产品较丰富的中、大规模养殖场。

## 八、生物质燃料利用模式

生物质燃料利用模式畜禽粪便经过搅拌后脱水加工，进行挤压造粒，生产生物质燃料棒（图 6-21）。

技术模式优点：畜禽粪便制成生物质环保燃料，作为替代燃煤生产用燃料，成本比燃煤价格低，减少二氧化碳和二氧化硫排放量。

技术模式不足：粪便脱水干燥能耗较高。

适用范围：适用于城市和工业燃煤需求量较大的地区。

图6-21　生物质燃料利用模式

## 九、污水达标排放模式

污水达标排放模式养殖场产生的污水进行厌氧发酵+好氧处理等组合工艺进行深度处理，污水达到《畜禽养殖业污染物排放标准》（GB18596-2001，其中COD低于400 mg/L，$NH_3$-N低于80 mg/L，TP低于8 mg/L）或地方标准后直接排放，固体粪便进行堆肥发酵就近肥料化利用或委托他人进行集中处理（图6-22）。

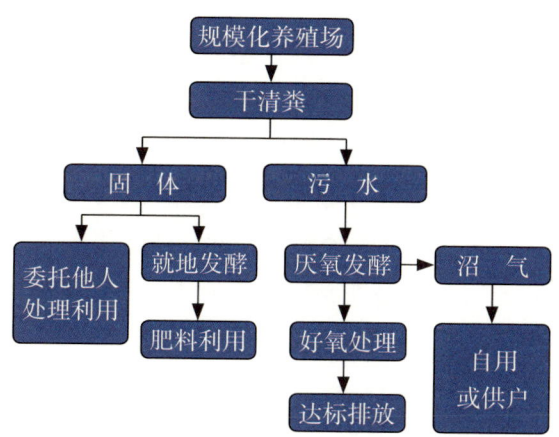

图6-22　污水达标排放模式

技术模式优点：污水深度处理后，实现达标排放；不需要建设大型污水贮存池，可减少粪污贮存设施的用地。

技术模式不足：污水处理成本高，大多养殖场难以承受。

适用范围：适用于养殖场周围没有配套农田的规模化猪场或奶牛场。

# 第七章 农膜收集及资源化利用技术

## 第一节 农膜收集机械化技术

农膜,又称薄膜塑料,包括地膜(也叫农用地膜),主要成分是聚乙烯。主要用于覆盖农田,起到提高地温、保持土壤湿度、促进种子发芽和幼苗快速增长,还有抑制杂草生长的作用。20世纪70年代,我国开始将地膜覆盖种植技术应用于蔬菜和瓜类生产,此后逐渐应用于棉花、花生等经济作物。然而,残膜回收处理一直是个非常棘手的问题。原始的残膜回收主要是靠人工清理实现,费时、费力,通过用铁锹起茬、耙子搂膜、搂茬、清除等多道工序,劳动强度大、回收率低。使用过的地膜难以被完整回收,有很大一部分被翻入土壤,逐年积累,致使大面积耕地受到严重污染,甚至在许多地区形成了"白色污染"。据数据统计,残留地膜严重污染土壤,导致种植小麦产量下降2%~3%,种植玉米产量下降12%,种植棉花产量下降8%~23%。在今后相当长的一段时间内,农业生产仍然需要使用大量的塑料地膜,因此研制发展地膜收集机械化技术既具有明显的经济效益,又具有巨大的社会效益。

### 一、技术内容

结合目前农业覆膜的实际情况,农膜收集机械化过程应包括边膜松土、起膜、挑膜、膜杂分离、脱膜和集膜等环节。

## 二、装备配套

### （一）回收机械功能分类

按照功能，残膜回收机可分为单项残膜回收机和联合作业机。按照回收时间，残膜回收机可分为苗期揭膜机械、秋后残膜回收机械、播前残膜回收机械和耕层内清捡机械等。

**1. 播前地膜回收机械**

一般情况下，春播前对土壤进行疏松，易于将残膜从土壤中分离出来。但春季气候多变，机力紧张，作业时间短，增加了回收残膜作业的难度。播前残膜回收机械的代表机型有ISM-5型密排弹齿残膜回收机和SMJ-2型地膜回收集条机。前者只适于回收大块残膜，无法回收小块残膜；后者的工作效率低。

**2. 苗期地膜回收机械**

玉米、棉花等作物的苗期揭膜时间为浇头水前，此时地膜使用时间短，老化和破损程度不严重，加之此时膜上压盖的土壤较少，因此有利于回收作业，是回收的最佳时期。残膜收起后，同时进行中耕作业。但揭膜后必须及时灌水，否则易因水分蒸发量大而造成干旱，因此苗期揭膜只适用于水源较充足地区的部分作物。我国北方大部分地区为干旱少雨区，为增加作物产量，近年来开始推广布置在地膜下面的滴灌管道，这导致苗期揭膜机械无法在全国大面积推广使用。苗期残膜回收机的代表机型有MSM-3型苗期残膜回收机、CSM-130B型齿链式悬挂收膜机和SM-4型悬挂式收膜机。

**3. 秋后地膜回收机械**

干旱及采用膜下滴灌的地区不宜在苗期揭膜，而适宜在作物收获后进行残膜回收。此时地膜破损比较严重，加上作物秸秆的影响和作业时间的限制，回收难度很大。同时膜下土壤板结，易造成捡拾机构损坏。但相对于耕层内清捡和播前整地回收地膜方式，秋后回收还是比较有利的，因为残膜比较完整，且在地表10cm以内。秋后地膜回收机械的代表机型有1SM-1I型地膜回收机、4JSM-1800型棉秆还田及残膜回收联合作业机和4MBQX-1.5（3.0）型棉花拔秆清膜旋耕机。

**4. 耕层内回收残膜机械**

耕层内回收残膜是对苗期或秋后没有进行回收干净的残膜或历年累积的残膜进行清捡。残膜清捡机一般和犁配套使用，机具结构简单、成本低、可在犁地的同时回收耕层内残膜，适用于沙土或沙壤土，其代表机型为麦盖提县研制生产的刺辊式残膜清捡机。

#### 5. 常规机具改装的回收地膜机械

利用常规农机具改装的回收地膜机械结构简单，成本低，可减少农民购买和维修机具的费用。虽然有时需要辅以人工捡拾，但残膜回收质量和效率远高于单纯的人工捡拾。目前利用常规农机具回收残膜的方法有五铧犁去掉犁壁浅耕回收残膜、中耕机加装杆齿搂地回收残膜、圈盘耙地回收残膜和中耕机上加装座位人工揭膜等。

### （二）回收机械作业方式分类

按照作业方式可分为：弹齿式残膜回收机、伸缩杆齿式残膜捡拾机、螺旋滚筒式残膜捡拾机、网链式残膜回收机和杆齿式残膜捡拾机。

#### 1. 弹齿式残膜回收机

弹齿式残膜捡拾机具有操作简单、经济适用、作业效率高、仿地能力强等优点。如图7-1所示1MT-1600型弹齿式残膜捡拾机，该机具机架上安装有数组勾膜弹齿与复位架，通过拖拉机牵引作业，依靠机具自重实现捡拾作业，调节地轮的高低调整入土深度，作业时弹性弹齿将残膜挂起运输至地头，通过气泵推动卸膜机构实现清膜，完成捡拾作业。该机卸膜机构由原来的手动卸膜改进为气动卸膜和液压卸膜机构。作业效率可达 $1.3 hm^2/h$ 以上，残膜回收率大于 $90\%$。

图7-1　1MT-1600型残膜捡拾机

#### 2. 伸缩杆齿式残膜捡拾机

伸缩杆齿式残膜捡拾机采用了"起膜机构起膜，伸缩杆齿挑膜，清膜机构脱膜"方式，如图7-2和图7-3所示。该机具主要由驱动轮、起膜铲、滚筒、灭茬铲、机架、梳膜器和集膜箱等组成。该机具牵引动力由拖拉机提供，作业动力依靠驱动轮行走带动滚筒转动挑膜，梳膜器梳膜、集膜箱集膜。该机具作业效率为 0.20~0.33hm²/h，捡拾率在 85% 以上，工作性能可靠，收净率高。

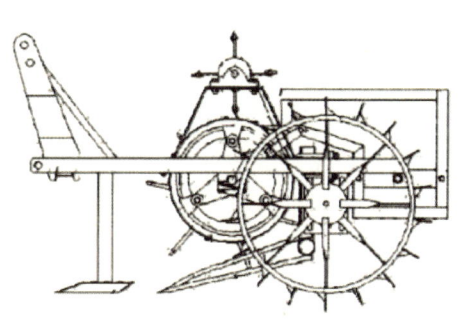

图 7-2　1FMJ-850 型残膜捡拾机　　　　图 7-3　1FMJ-1400 型残膜捡拾机

### 3.螺旋滚筒式残膜捡拾机

螺旋滚筒式残膜捡拾机，如图 7-4 所示，工作时拖拉机牵引，起土铲将作物根茬、残膜和土壤一起铲起，通过滚筒压碎土壤并向后输送至栅条上。栅条在转动过程中使土从栅条缝隙中流下，废膜和根茬继续向后输送，最后收集到集膜箱中，到地头或者集膜箱装满时人工卸下废膜和作物根茬，完成整个作业过程。该机型结构复杂，成本高，捡拾到的地膜、根茬和土块分离差。该机具作业效率 0.25~0.6hm²/h，捡拾率≥85%，缠膜率≤2.5%。捡拾深度≥5cm，此类机型结构复杂，制造成本高分离效果差。

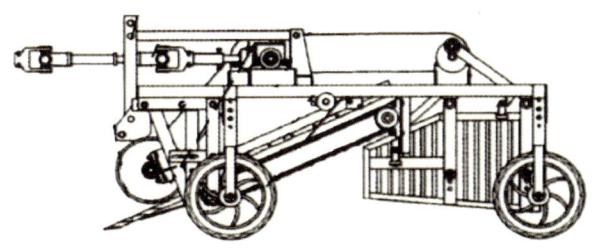

图 7-4　1MFJG-125A 型残膜捡拾机

生态农业机械化技术及装备

### 4. 网链式残膜回收机

图 7-5　网链式残膜回收机

网链式残膜回收机，如图 7-5 所示，主要由起膜器、网链机构、集膜箱等组成，该机具能够有效松破土壤，可一次性完成起膜、输膜、膜土分离、集膜、卸膜等工序，输膜顺畅、膜土分离效率高、缠膜回膜漏膜现象显著减少。作业效率可达 $0.2hm^2/h$，残膜回收率≥88%，残膜净收率≥70%。

### 5. 铲筛式残膜回收机

铲筛式残膜回收机，如图 7-6 所示。兼具作物收获及收后残膜回收的铲筛式多功能复式机，适应了目前我国农业机械产品向多用途多功能方向发展的趋势。可一次性完成起膜、膜土分离、集膜、自动卸膜等作业工序，对于种植花生、棉

图 7-6　1MCDS-100A 型铲筛式残膜回收机

花、马铃薯等作物的沙土或沙壤土地中的残留地膜回收具有良好的推广应用前景。作业效率可达 $0.4hm^2/h$，残膜回收率≥85%。

## 三、操作规范

### （一）作业前的准备

作业前要对残膜回收机进行全面检查与修理，保证残膜回收机以良好工作状态投入机械化回收农田残膜作业中。主要包括固定部件连接处是否松动、机架和弹齿（或伸缩杆齿、滚筒、网链机构等装置）有无发生变形及卸膜机构转动是否灵活等方面检查，若固定部件连接处松动应进行紧固、机架和弹齿（或伸缩杆齿、滚筒、网链机构等装置）发生变形应进行修复、卸膜机构转动不灵活应进行调试。

（1）检查固定部件连接。机具作业前要检查弹齿、机架和卸膜机构的固定螺栓、螺母有无松动，如有松动进行紧固，防止掉落丢失。

（2）检查机架和弹齿（或伸缩杆齿、滚筒、网链机构等装置）。机具作业前要检查机架和弹齿有无发生变形或断裂（裂痕、裂纹和裂缝），如有应进行修复或零部件更换工作。

（3）与拖拉机挂接和调试。机具悬挂时选择配套马力拖拉机，通过三点悬挂机构进行挂接，挂接完成后通过液压升降操作控制机具起落，便于调节机具；调节侧拉杆使机具左右与地面平行（只调节一侧拉杆）；调节中央拉杆，使机具前后与地面水平；最后根据拖拉机液压升降系统类型调节控制机具耕作深度。

（4）田间调试作业。田间作业前，先进行试作业，看作业深度和作业后地表平整度是否达到机械化残膜回收技术标准，若没有达到要求可通过上述与拖拉机挂接和调试的方法进行，使之达到作业要求方可进行田间作业。

### （二）作业时操作要求

（1）根据使用说明书和农田实际情况选择适宜的作业速度。农田残膜捡拾机组一般作业速度为4~6km/h，作业时要根据不同型号配套拖拉机（约翰迪尔、东方红、雷沃、黄海金马和常发等）的挡位速度和农田土壤性状选择适宜作业速度。

（2）液压悬挂系统的正确操作。拖拉机液压悬挂系统分为分置式液压系统、半分置式液压系统和整体式液压系统三种型式。

分置式液压系统操作装置的正确使用。提升时，将手柄扳至提升位置后应随即放手，在农具达到最高提升位置时，手柄自动跳回中立位置。农具下降或农具实行高度调节耕作时，应将手柄扳至浮动位置，分配阀在浮动位置时，不会自动跳回中立位置。

半分置式液压系统操作装置的正确使用。当使用力调节耕作时，应先将位调节手柄置于提升位置，农具提升高度由位调节手柄提升位置确定，仅使用力调节手柄升降农具。经过试机选择合适的耕作深度后，用定位手轮固定力调节手柄，保证手柄每次推移到相同位置，机具耕作深度一致。当使用位调节工作时，应先将力调节手柄置于最高提升位置，仅使用位调节手柄升降农具，农具下降位置和提升位置选定后，分别使用定位手轮给位调节手柄定位。

整体式液压系统操作装置的正确使用。农具升降时，将扇形板上外手柄固定在浅—深区域，里手柄扳至扇形板快字位置，农具下降较快。如扳至慢字位置时，农具下降较慢。将里手柄放在扇形板升—降区域不同位置时，农具相应地保持在不同的离地高度上。用力调节耕作时，里手柄在快—慢区段内选择好适合的下降速度，外手柄在浅—深区段内选择所需的耕深。在地头起、落时，只用里手柄升降，外手柄一般不再作变动。用位调节工作时，里手柄在升—降区段内操作，外手柄应放在扇形板下方深的位置。

（3）农业机组运行方法。农业机组运行方法，即机组田间作业的运行路线，一般有直行法、绕行法和斜行法3种基本运行方法。根据残膜回收机组和地块大小选择适合的机组运行方法，同时在基本运行方法的基础上也可演变出多样的运行方法。如地块形状类似长方形时，选择直行法，机组进行往返作业时可选择行程相邻的梭行法和不相邻的开垄法；如地块类似方形、圆形等不规整地块时，选择绕行法，作业行程沿地块周边运行，转弯行程空行，机组作业进行可选择行程由外圈走向内圈的向心法或内圈走向外圈的离心法；如地块类似斜三角形时，选择斜行法，作业行程沿地块对角线进行往返作业，转弯时空行程。

### （三）作业后的保养

（1）班次保养。每班次工作后应清除机架和弹齿上的泥土和杂草。检查各零部件螺栓紧固情况，适时紧固。检查卸膜机构和耕深调节机构灵活性。检查并修复变形零件。

（2）定期保养（80~100h）。除班次保养内容外还要检查弹齿、卸膜操作杆和四杆机构等易损件的磨损情况，需更换的要及时更换。

（3）季保养。每耕作季度结束后，应将各零部件进行清洗。全面检查弹齿（或伸缩杆齿、滚筒、网链机构等装置）的技术状态，换修磨损或变形零件。弹齿、固定螺栓等零部件的工作表面涂防锈油，存放在安全、干燥、不积水的机库中，机架要垫起并保持水平。

## 四、质量标准

残地膜回收机应符合现行国家标准：《残地膜回收机(GB/T 25412—2010)》规定。本标准由全国农业机械标准化技术委员会（SAC/TC 201）归口。中国国家标准化管理委员会、中华人民共和国国家质量监督检验检疫总局发布，于2010年11月10日发布，2011年3月1日实施。

### （一）一般技术要求

（1）回收机应符合标准要求，并按经规定程序批准的产品图样和技术文件制造，所有零部件须经检验合格。

（2）回收机的维修、保养应方便。

（3）焊接件焊缝应平整均匀、牢固。不得有烧穿、漏焊和脱焊缺陷。

（4）钣金件、冲压件应光滑平整，无毛刺、飞边、裂纹和明显折皱。

（5）回收机运输间隙应不小于300mm。

（6）涂层表面色泽应均匀不得有锈蚀、飞溅、碰伤、漏底、起皮和剥落等缺陷。

（7）涂层附着力应不低于 JB/T 9832.2—1999 中规定的 Ⅱ 级。

**（二）作业性能**

在铺覆地膜厚度 ≥ 0.007mm，所选用地膜状况、土质以及地块大小在当地应具有一定代表性时，其作业性能指标应符合表 7-1 的规定。

表 7-1  作业性能指标表

| 序号 | 项　目 | 指标 | 作业方式 |
|---|---|---|---|
| 1 | 表层拾净率<br>（地表及土层深度 0mm~100mm），% | ≥ 80 | 耕前及播前残地膜回收机作业 |
| 2 | 深层拾净率 a<br>（土层深度 100~150mm），% | ≥ 70 | 耕前及播前残地膜回收机作业 |
| 3 | 苗期拾净率，% | ≥ 85 | 苗期残地膜回收机作业 |
| 4 | 伤苗率，% | ≤ 2 | 苗期残地膜回收机作业 |
| 5 | 缠膜率，% | ≤ 2 |  |

a 残地膜回收机具有捡拾土层深度 100mm~150mm 残地膜功能时，方对深层拾净率进行检测和评定

**（三）有效度**

回收机的有效度应不小于90%。

## 第二节　农膜清洗及循环再利用造粒技术

### 一、技术内容

造粒技术是一种通过造粒工艺将废旧塑料变为颗粒的回收方法。再生颗粒可用于成型加工，制得的产品性能与原产品的性能相差不多，具有很高的经济价

值。相比于填埋处理和焚烧处理，再生造粒是真正意义上的资源再生循环利用。

农膜清洗及循环再利用造粒技术是指将废旧的农膜破碎、清洗、脱水、熔融，然后进行塑化、切粒再加以使用的技术。是一种湿法造粒技术。

其流程为：收集→分选→破碎→清洗→烘干→熔融→切粒。收集的废旧农膜，表面附着灰尘、泥沙、油渍等，这些杂质严重影响再生塑料的质量，一般通过增加破碎和清洗次数去除这些杂质，从而提高回收产品的质量，再通过挤出机挤出成型，最后熔融的塑料被切割成大小合适、均匀的颗粒。收集和分选由人工完成，破碎、清洗、干燥由破碎机、清洗装置、干燥器完成，塑料熔融在螺杆挤出机中进行，熔融的塑料通过口模挤出并由切粒装置完成造粒。

湿法造粒工艺流程如图7-7所示。

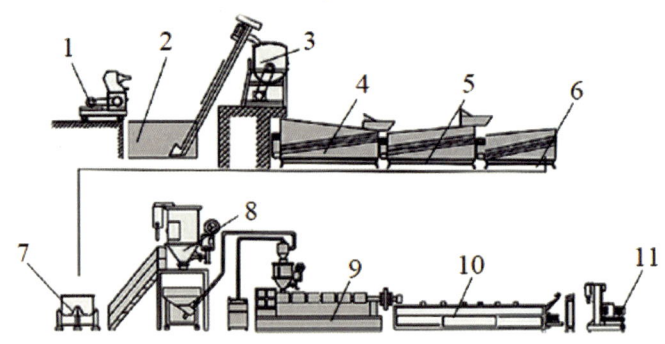

1—破碎机；2—初洗池；3—搅拌机；4—第一道清洗；5—第二道清洗；6—第三道清洗；
7—离心脱水机；8—烘干机；9—挤出机；10—水槽；11—切粒机

图7-7 湿法造粒工艺流程

湿法造粒是普遍使用的造粒方法，其优点在于工艺简单，成本低，制品运用广泛；缺点是破碎、清洗、烘干、挤出和切粒都需要专门的设备，生产成本高，工作噪音大，易产生粉尘和污水，造成二次污染。废旧塑料造粒过程产生大量的塑料粉尘、水及挥发性有机物，会在机器的缝隙中沉淀，使机器磨损严重，降低使用寿命，同时这些物质飘散在空气中对人体非常有害。

## 二、装备配套

带有除尘装置的塑料造粒机，其结构简图如图7-8所示。

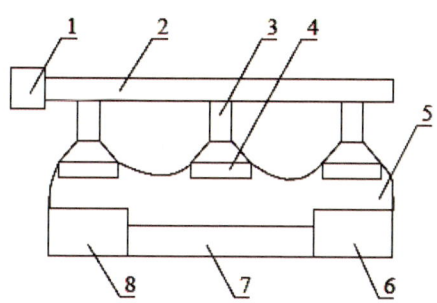

1-吸尘机构；2-排尘管；3-吸尘管；4-吸尘套；5-防尘罩；6-切粒冷却机构；
7-加热融化机构；8-塑料破碎机构

**图 7-8　带有除尘装置的塑料造粒机**

主要结构包括塑料破碎机构、加热融化机构、切粒冷却机构、排尘管、吸尘套、防尘罩、吸尘机构。在生产过程中，除尘机构能迅速地吸收产生的塑料屑和粉尘，并通过排尘管进行收集过滤回收，改善了工作环境，延长了造粒机使用寿命。

一种实用新型塑料造粒机，该造粒机结构简单、体积小、制造成本低，其结构简图如图 7-9 所示。

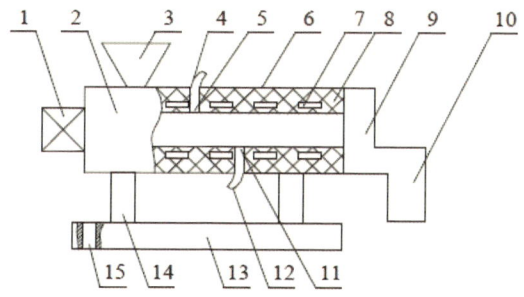

1-驱动电机；2-保护壳；3-进料斗；4-吸气管道；5-排气孔；6-造粒机主体；7-加热片；
8-隔热填充物；9-输出口模；10-成品收集箱；11-排水孔；12-排水管道；13-底座；
14-支架脚；15-螺栓孔

**图 7-9　一种实用新型塑料造粒机结构**

主要结构包括造粒机主体、驱动电机、料斗、输出口模、成品收集箱、底座、支撑架等。工作原理为：将破碎后的废旧塑料由料斗加入落于料室，通过驱动电机带动螺杆转动，物料通过相互间的摩擦和螺杆的带动向口模方向运动，螺杆机筒外壁上设有的加热片对固体物料加热熔融，通过口模挤出，切割成粒子，最后进入成品收集箱。该造粒机的外壁上设有保护壳，保护壳与造粒机主体间设有隔热层，这样可以既能保证造粒机内部有足够的温度，又能避免工作人员接触造粒机被烫伤；造粒机主体顶部设有排气孔和吸气管道，底部设有排水孔和排水管道，这样机器运行过程中产生的废气和废水可以通过排气孔和排水孔迅速排出，避免直接排放，改善工作环境。

### 三、操作规范

（1）依次打开电源，设定温度和注意加温是否正常。

（2）清理料斗等机组，进出水管，检查各齿轮油，机油，高温黄油的油位和润滑状态，新机的齿轮油最迟半年更换一次，活动部位每周至少添加一次润滑油。

（3）温度快到设定温度时，准备物料并依次启动主电机。

（4）挤出机的温度必须达到设定温度，开启喂料装置才能倒入清洗料或原料清洗螺杆内的残留物，直至新料挤出来，然后暂停挤料，快速到位地安装好过滤板和模头。方可合上模头，合上模头后开启造粒机主螺杆电机，操作人员此时远离模头，以防模头硬料堵塞爆裂伤人，直到模头挤出丝料，然后合上切粒罩并连接切料刀架和锁紧。

（5）以上操作到位后依次按顺序开启所有风机、振动筛、切粒机、主机的运作。

（6）正常出粒时调节切粒机，进行变频调速调整颗粒大小。螺杆在出料前必须让切粒机不停地转动，如果是水冷喷雾式切粒，切粒罩要先通水，最后开启主机进行正式生产。

（7）启动挤出主机并由慢而快地根据粒子大小需求调节主机和切粒机的变频调速，只有达到二者协调，才能使切出的粒子更好地均匀和粒子的出量最大化。

（8）停止作业操作顺序与开机生产操作顺序相反，先关主机驱动，然后依次关闭辅机电源，最后快速的清理模头，以防模头冷却堵塞（特别注意：每班次作业停机后模头出料孔和过滤板必须完全清孔才能再次安装生产，否则模头因堵塞有爆炸的危险）。

## 四、质量标准

塑料薄膜回收挤出造粒机组应符合现行行业标准《塑料薄膜回收挤出造粒机组 JB/T 5421—2013》规定，本标准由全国橡胶塑料机械标准化技术委员会塑料机械标准化分技术委员会归口上报，发布日期为 2013 年 12 月 31 日，实施日期为 2014 年 7 月 1 日。

# 第八章 种养加一体化技术

## 第一节 种养加典型模式

"种养加一体化"是我国畜牧业发展实践中探索出的成功的生产模式之一，是现代畜牧业的发展方向。早在2015年中央农村工作会议及2016年中央一号文件中就明确提出了农业发展要"推动种养加一体化发展"，十九大报告中提出了"促进农村一二三产业融合发展"，同时，2018年中央一号文件贯彻落实十九大精神，提出"农业综合生产能力稳步提升，农业供给体系质量明显提高，农村一二三产业融合发展水平进一步提升"。"种养加一体化"循环模式属于农村一二三产业融合发展中的一种，通过实现农业"种养加一体化"循环模式，可有效带动农村地区一二三产业融合，资源循环利用，改善农村生活生产环境，走产出高效、产品安全、资源节约、环境友好的农业现代化道路。

"种养加"结合也就是种植业、养殖业、农副产品加工业结合，将农业和企业结合，进行市场化运作的现代农业模式。这种模式循环利用资源，并且依托企业管理平台，实现农业的高效、环保、节约和市场化运营。比如种植业的废弃秸秆可以供养殖用，养殖业的畜禽粪便可以作为种植业的肥料，而种养收获的产品用于加工，提高了农副产品附加值与经济效益；同时又可根据加工后产品的市场反馈来调节种植业和养殖业的规模和品种，从而实现农业的高效生产、市场化运营。

### 一、国内种养加一体化发展的典型模式介绍

#### （一）河北省迁安市"乐丫"种、养、加结合型模式

河北省迁安市利用优越的地理条件和气候资源使迁安市成为唐山市谷子、核

桃和板栗等农产品的主产区。迁安市"乐丫"农产品开发有限公司依托区域特色产业及资源优势,采取"公司基地+农户"的组织方式,辐射带动大五里、五重安和木厂口等乡镇发展各类干果、杂粮基地50个,近10 000户农民走上产业化道路,初步形成种、养、加结合型循环农业模式。现已开发果树生产基地约33.3 hm$^2$,农业示范园1座、农产品加工厂1座、农副产品超市3个,总资产近2 000万元,拥有板栗、核桃杂粮加工生产线及干果、杂粮、干菜生产基地25个。"乐丫"模式实现了传统生态农业模式的3步升级:第一步,把特色林果种植、畜牧规模化养殖、有机小杂粮生产、食用菌栽培、沼气开发、蝇蛆养殖及水利灌溉搬上山区,实现各专业生产部门的协调作用、联合发展,扩大各产业生产规模。第二步,把沼气生态农业工程向两头延伸,上连畜牧业,对畜禽粪便进行无害化处理;下连种植业,将沼液沼渣加工成高效有机肥满足生产有机绿色农产品的需要,提升农业运行的质量和效益。第三步,把单纯的农产品生产经营活动升级为集生产、加工、流通、销售和服务于一体的产业体系,形成种植业、养殖业和加工业并举的高效生态产业链,实现由单一能源效益向综合效益方向转化,促进优质高效生态农业的产业化发展。

### (二)黑龙江省汤原县种、养、加结合型模式

汤原地处三江平原的西部,傍濒松花江、汤旺河,侧依小兴安岭。耕地面积180万亩,适合种植水稻、大米、大豆和其他经济作物,有"引汤"水利枢纽工程及各水利配套工程。泡沼密布、渠网纵横,加之地处奶牛养殖黄金带的优势位置,决定了汤原县在农业循环经济发展上具有一定优势。2016年汤原县实施种养加结合农业循环经济,大力发展特色农业、精品农业和外向型农业,实行稻草—肉牛—粪肥—水稻—稻草模式,即稻田种水稻,产生的稻草饲喂肉牛,肉牛产生粪便,发酵成粪肥施用于水田,既可以改良土壤、提高地力,还能助推绿色有机水稻和牛肉等高品质农产品生产,实现农业长期可持续发展。

### (三)安徽省蚌埠市种、养、加结合型模式

蚌埠牧场是全国奶牛存栏数最大的牧场,也是全亚洲规模最大的单体牧场。在牧场周边还配套建有10万亩紫花苜蓿生产基地。蚌埠牧场目前奶牛总存栏量超过4万头,其中成年泌乳牛2.5万头,平均年单产达9 t,配套液态奶的加工厂日产鲜奶600 t,是完整意义上的"种养加一体化"项目牧场。"牧草种植—奶牛养殖—奶牛加工一体化"的发展模式有效解决了奶业生产各环节的利益脱节问题,只有靠规模化的养殖才能确保奶牛健康,只有规模化养殖与加工的有机结

合,才能保证牛奶的品质。现代牧业蚌埠牧场种植青贮玉米和苜蓿,既满足了奶牛的油脂青饲料、培肥了地力,又提高了土地产出率,增加了效益,一举多得。

## 二、北京市种养加一体化发展的典型模式介绍

北京市农业发展贯彻中央一号文件精神,近几年大力发展种养加结合循环农业,形成了以有机肥厂为依托的"政府+公司+合作社"的政府购买服务型种养加结合资源循环利用模式和以村镇为依托的"区域自消纳"型种养加结合资源循环利用模式。

### (一)顺义区政府购买服务型种养加循环利用模式

北京市顺义区李桥镇建立了以有机肥厂为依托的"政府+公司+合作社"的政府购买服务型种养加结合资源循环利用模式,被称为顺义模式。"顺义模式"主要采用"农业生产者+经营性服务组织+有机肥加工厂"的运行模式,由农机专业合作社负责将农作物秸秆、蔬菜残枝、养殖场粪便等农业废弃物收集拉运至有机肥加工厂,有机肥加工厂负责加工有机肥,再以政府购买服务方式售出,实现了种养加结合资源循环利用的模式。此种模式既解决了农户秸秆堆积、养殖场粪污无法处理的问题,又拓宽了经营服务组织的业务范围,还保证了有机肥加工厂的原料来源,实现了三方利益最大化。

### (二)房山区区域自消纳型种养加循环利用模式

北京市房山区建立了以窦店镇为依托的"区域自消纳"型种养加结合资源循环利用模式。窦店镇建有规模化肉牛场和肉鸡场,并建有沼气站,针对牛场、鸡场产生的粪污,进行无害化处理,发酵制作沼气。沼气站日处理粪污20 t,生产沼肥40t/d,生产沼气1 000 m³/d。沼肥用于村1 500亩农田和400亩果园使用,实现了粪污肥料化循环利用。沼气供1 100~1 500户家庭用作生活燃料,实现了粪污能源化循环利用。区域内形成了种养加结合循环农业生产模式,使窦店镇的养殖粪污得到有效治理,提高了粪污资源化利用水平。

## 第二节　种养加一体化技术存在问题及实现途径

### 一、种养加一体化技术存在的问题

**1. 种养环节结合渐成发展趋势，但与加工环节脱节较为严重**

种养结合的生产方式有利于节约成本、提高资源利用效率和经济效益，而且两者结合的技术门槛较低，容易操作实施。为此，无论是中小规模农户还是新型农业经营主体逐步实现了在种养环节的结合，发展形成了"以养带种、种养结合"的模式。从优化农业结构、发展循环农业的视角，国家层面也是大力倡导、鼓励发展种养结合生产模式，并给予了政策支持。但种养与加工环节的连接目前主要以市场调节为主，国家相关支持政策虽然多次提出创新机制、强化联结方式，但缺少相关配套支持资金，使工作难以落实到位。

**2. 主体间利益联结机制不断完善，但种养主体仍处于弱势地位**

近年来，农民专业合作社发展迅速，有效提高了农户组织化程度，农户种养环节生产的产品逐步由传统销售模式转向较为稳定的合同和订单模式。同时，农户在合作社、合作社在企业通过入股获取定期分红，以及企业通过二次返利机制稳定、强化与农户的关系等新型的更为紧密的利益联结机制也在快速形成，农户、合作社、企业等多元主体间形成了土地、资本、技术等多要素复合、利益共享的发展态势。但就主体地位而言，种养环节的经营主体仍然以农户、家庭农场及合作社为主，在产业链上位于上游，在利益链条上处于弱势地位，是契约、规则的接受者而非制定者，更多时候被动作出让步。

**3. 种养加一体化区域运行模式涌现，但辐射带动能力仍较弱**

受区域政策、产业基础及产业特征等方面因素的影响，种养加一体化模式日益丰富，逐渐形成了现代牧业等单体企业一体化模式，以及公司＋基地＋农户、公司＋合作社多元主体一体化运行模式，但就种养加行业整体而言，一体化运营模式仅在小范围局部区域取得了较大成功，辐射带动能力十分有限。其根本原因在于小规模农户组织化程度低、履约意识弱和标准化生产能力不高，企业与其合作交易成本高，利益联结机制经常遭到破坏；另外，产业化企业数量有限、带动能力弱，部分企业的不诚信履约行为挫伤了农民及其他相关生产经营主体与企业合作的积极性。

## 二、种养加一体化发展的实现路径

**1. 支持龙头企业壮大，引领种养加一体化发展**

多种方式鼓励支持龙头企业适时适度引进先进适用的生产加工设备，改造升级贮藏、保鲜、烘干、清选分级、包装等设施装备，发展农产品精深加工，拓展产业链条。鼓励和引导龙头企业整合优势资源，加大科技投入，开展新品种、新技术、新工艺研发，创建产品品牌，支持龙头企业申请商标国际注册，积极培育出口产品品牌，提高产品附加值，提升产业竞争力，更好的发挥带动辐射作用。

**2. 创新主体间利益联结机制，促进稳定共赢**

引导龙头企业参与种养环节的生产，并通过入股、信贷担保、技术支持等方式与农户、合作组织等生产经营主体深度合作，提高彼此的信任度；规范合同文本、明确双方权责关系，强化企业与农户的诚信意识，平等互利、友好协商，形成稳定的购销合作关系，大力推进订单农业的发展；鼓励龙头企业采取股份分红、利润返还、二次返利等多种形式，将产品加工环节获取的附加值收益部分让利给农户、合作社等联结主体，共享产品增值收益。发展并创新"龙头企业＋合作社"或"龙头企业＋家庭牧场"的经营模式，完善企业与农户的利益联结机制，通过订单生产、合同养殖、品牌运营、统一销售等方式延伸产业链条，实现生产与市场的有效对接。

**3. 鼓励规模化种养基地建设，夯实一体化发展基础**

以奶牛、肉牛、肉羊为重点，扩大肉牛、肉羊标准化规模养殖项目实施范围，支持适度规模养殖场改造升级，加大对中小规模奶牛标准化养殖场改造升级，促进小区向牧场转变。研发肉牛、肉羊的舍饲半舍饲养殖先进实用技术和工艺，加强技术配套集成，形成区域主导技术模式，推动牛羊由散养向适度规模养殖转变。制定完善畜禽标准化养殖技术标准和规范，推广具有低成本、高效益的适度规模养殖模式，提高标准化养殖管理水平。鼓励有一定规模的大户申领个体工商户或个人独资企业营业执照，发展家庭牧场。鼓励以入股等多种形式组建专业合作社，发展种草养畜。鼓励养殖户成立专业合作组织，采取多种形式入股，形成利益共同体，促进农牧循环发展，提高组织化程度和市场议价能力。

## 第三节 种养加一体化机械化技术模式典型

### 一、种植机械化（青贮玉米）

北京市青贮玉米种植推广轻简栽培，其作业流程主要有三个环节，为机械化免耕播种施肥、机械化植保作业、机械化收获（图8-1，图8-2，图8-3）。

图8-1 青贮玉米免耕播种施肥作业

图8-2 青贮玉米植保作业

图8-3 青贮玉米收获作业

### 二、养殖机械化（肉牛养殖）

北京市肉牛养殖以规模化养殖为主，机械化较为普及机械化作业流程如下（图8-4至图8-7）。

生态农业机械化技术及装备

图8-4　机械化饲料加工

图8-5　TMR饲喂车

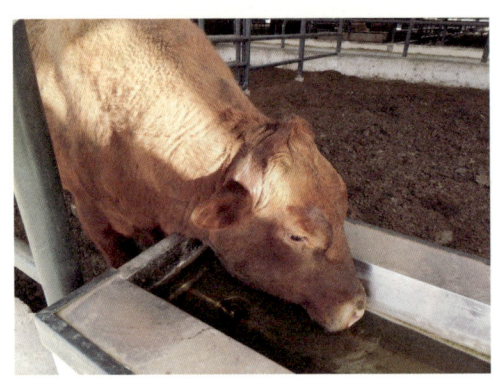

图8-6　机械化饮水器

图8-7　清粪机

## 三、加工机械化（有机肥加工）

从堆肥的工艺划分，主要有两种工艺，一种厌氧发酵工艺，二是好氧发酵工艺。厌氧发酵工艺是在无氧条件下有机物的分解，厌氧发酵最后代谢的产物是甲烷、二氧化碳和许多低分子中间产物，如有机酸。好氧发酵是在有氧条件下有机物的分解，好氧发酵最后的产物是二氧化碳、水和热量。

工艺流程如下所示（图8-8，图8-9，图8-10）。

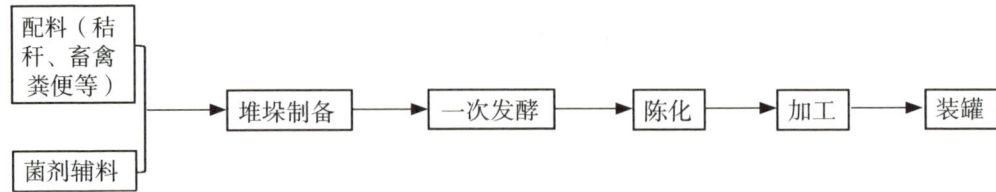

图8-8　工艺流程

图 8-9 条垛式翻抛机

图 8-10 槽式翻抛机

## 四、循环利用机械化

顺义有机肥厂为依托的"政府＋公司＋合作社"的政府购买服务型种养加结合循环利用机械化技术模式。具体运行模式如图 8-11 所示。

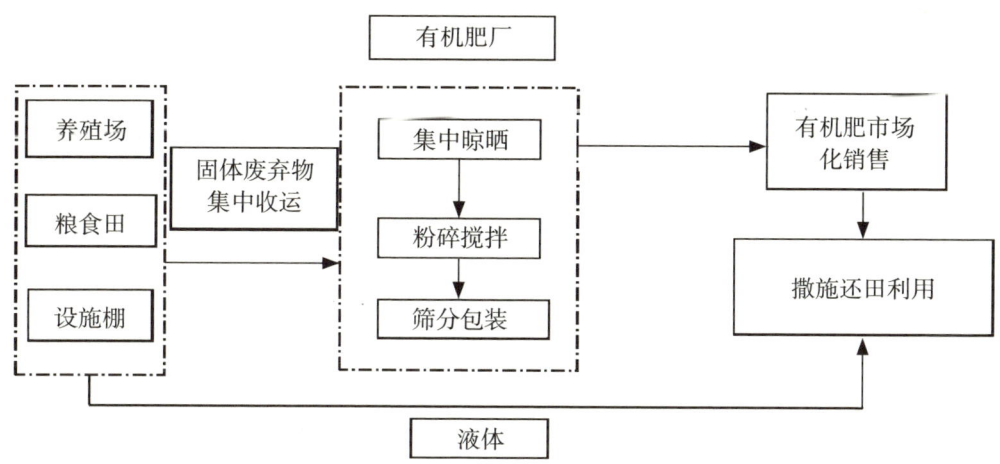

图 8-11 循环利用机械化运行模式

房山窦店村为依托的"区域自消纳"型种养加结合循环利用机械化技术模式。具体运行模式如图 8-12 所示。

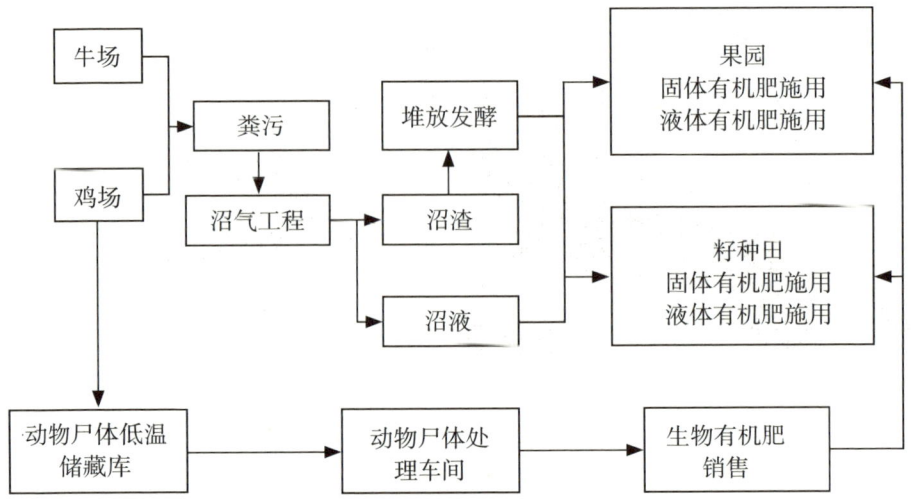

图 8-12 "种养加"结合循环利用模式

# 参考文献

安东森,赵溢墨.2018.浅谈我国应用较广的几种节水灌溉技术[J].农家参谋,(11):16.

白由路.2018.高效施肥技术研究的现状与展望[J].中国农业科学,51(11):2 116-2 125.

柏大团,孙佃亮,邱凤翔.2016.自动控制在节水灌溉中的应用与研究[J].江苏理工学院学报,22(4):47-52.

查湘义.2018.农用水泵使用中的若干问题研究[J].乡村科技,(4):115-116.

陈广军,刘尔玺,潘会平,等.2018.浅谈甘肃地区残膜机械推广应用及市场分析[J].农业与技术,38(7):64-65.

陈远鹏,龙慧,刘志杰.2015.我国施肥技术与施肥机械的研究现状及对策[J].农机化研究,37(4):255-260.

程小纯.2017.自动控制系统在节水灌溉中的应用[J].电子技术与软件工程,(12):149.

崔满强.2018.浅谈加压泵站水泵机组选型设计[J].河北水利电力学院学报,(1):60-62.

段正忠,李援农.2008.灌溉泵站设计参数的确定及水泵选型[J].水资源与水工程学报,(5):78-80.

范如芹,罗佳,严少华,等.2016.农作物秸秆基质化利用技术研究进展[J].生态与农村环境学报,32(3):410-416.

房曙,石诚.2012.关于灌溉泵站设计参数与水泵选型的问题探讨[J].中国水运(下半月),12(2):159-160.

韩建虎.2011.我国节水灌溉技术的几种典型模式研究[J].北京农业,(33):198-199.

洪暹国.2010.我国农用水泵的现状与发展[J].农业机械,(3):98-102.

黄兴元，乐建晶，柳和生，等.2015.废旧塑料再生造粒工艺浅析［J］.工程塑料应用，43（4）：134-138.

孔德磊.2017.自动控制技术在节水灌溉中的应用［J］.科技风，（18）：227.

来永见，王岩，冯艳辉.2014.介绍一种高效的农家肥施用机械——厩肥抛撒机［J］.现代化农业，（4）：50-50.

李宝筏.2003.农业机械学［M］.北京：中国农业出版社.

李琪，许建中，李端明，等.2015.中国灌溉排水泵站的发展与展望［J］.中国农村水利水电，（12）：6-10.

刘鸿文.2009.材料力学Ⅰ［M］.高等教育出版社.

刘进永，徐瑶，孙中强，等.2010.农田灌溉工程中水泵选型原则依据及方法研究［J］.科技信息，（9）：94-95.

刘希锋，孙士明，钱晓辉，等，2016.有机肥撒施机的种类与性能分析［J］，农机化研究，6月.

牛寅.2016.设施农业精准水肥管理系统及其智能装备技术的研究［D］.上海大学.

宋丽.2018.上海庄行镇示范片农田灌溉设计及工程布置［J］.中国水运（下半月），18（5）：172-173.

田家治.2015.农业灌溉用水泵的选择与应用［J］.农业科技与装备，（2）：57-58.

王斌，段凤.2013.浅谈自动控制技术在节水灌溉领域的发展现状及趋势［J］.内蒙古水利，（4）：66-67.

王国刚，刘合光，刘静，等.2016.种养加一体化的理论初探与政策建议［J］.农业现代化研究，9，37（5）：871-876.

王吉亮，王序俭，曹肆林.2013.中耕施肥机械技术研究现状及发展趋势［J］.安徽农业科学（4）：1814-1816.

王金光.2012.浅析水泵在灌溉系统工作中动力系统的配套［J］.吉林农业，（9）：256.

王帅.2012.我国残膜回收机具发展现状及趋势［J］.农业科技与装备，10：80-81.

王晓东，王合.2013.2BF-1型自走式播种施肥机的研究设计［J］.农业机械，（11）：107-108.

王新华，杨学坤，蒋晓 . 2014. 节水灌溉自动控制技术的研究现状与发展趋势［J］. 农业开发与装备，（12）：80-81.

武宏文 . 2017. 农田水利灌溉工作中水泵动力系统的配套作用分析［J］. 科技资讯，15（6）：123-124.

郗晓焕，王金武，郎春玲，等 . 2011. 液态施肥机椭圆齿轮扎穴机构优化设计与仿真［J］. 农业机械学报，42（2）：80-83.

邢方亮 . 2014. 节水灌溉太阳能无线智能控制系统的应用研究［D］. 华南理工大学 .

徐畅，孙丹秋 . 2017. 汤原：发展种养加结合的农业循环经济［N］. 黑龙江经济报，9，21（002版）.

徐长伟，李秀娜 . 2011. 我国北方几种节水灌溉工程技术模式［J］. 黑龙江科技信息，（3）：321.

杨晓军，刘飞，吴玉秀，等 . 2014. 新疆农田节水灌溉系统首部过滤设备选型探讨［J］. 中国农村水利水电，（5）：76-80.

易文裕，程方平，熊昌国，等 . 2017. 农业水肥一体化的发展现状与对策分析［J］. 中国农机化学报，38（10）：111-115+120.

于康震 . 2015. "种养加一体化"是现代畜牧业的发展方向［N］. 中国乳业，7（163）.

余暕浩 . 2018. 自动控制技术在园林节水灌溉中的应用［J］. 山东工业技术，（8）：230.

袁寿其，李红，王新坤 . 2015. 中国节水灌溉装备发展现状、问题、趋势与建议［J］. 排灌机械工程学报，33（1）：78-92.

袁文胜，金梅，吴崇友，等 . 2011. 国内种肥施肥机械化发展现状及思考［J］. 农机化研究，33（12）：1-5.

苑严伟，张小超，吴才聪，等 . 2011. 玉米免耕播种施肥机精准作业监控系统［J］. 农业工程学报，27（8）：222-226.

张伟宝 . 2013. 关于的施肥机械技术性能的探讨［J］. 科技创业家，（24）：183.

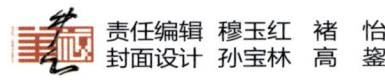

责任编辑　穆玉红　褚　怡
封面设计　孙宝林　高　鋆

定价：64.00元